公众环保知识系列读本

GONGZHONG HUANBAO ZHISHI XILIE DUBEN

政策法规 篇

陕西省环境保护厅 编著

陕西新华出版传媒集团
陕西旅游出版社

图书在版编目（CIP）数据

公众环保知识系列读本.政策法规篇/陕西省环境保护厅编著.—西安：陕西旅游出版社，2016.5
ISBN 978-7-5418-3370-0

Ⅰ.①公… Ⅱ.①陕… Ⅲ.①环境保护–普及读物②环境保护法–中国–普及读物 Ⅳ.①X-49②D922.68

中国版本图书馆CIP数据核字（2016）第113163号

公众环保知识系列读本·政策法规篇　　陕西省环境保护厅　编著

责任编辑：	宋海平
出版发行：	陕西新华出版传媒集团　陕西旅游出版社
	（西安市曲江新区登高路1388号　邮编：710061）
电　　话：	029-85252285
经　　销：	全国新华书店
印　　刷：	陕西思维印务有限公司
开　　本：	787 mm×1092 mm　　1/16
印　　张：	9
字　　数：	100千字
版　　次：	2016年5月　第1版
印　　次：	2019年1月　第2次印刷
书　　号：	ISBN 978-7-5418-3370-0
定　　价：	29.80元

本书所选用（有修改和删节）的一些作品（含图片）因部分作者姓名和地址不详，我们无法取得联系。敬请各位有著作权的作者与我们联系，以便向您支付稿酬，并致谢忱！

《公众环保知识系列读本》编委会

主　任　王成文
副主任　李敬喜　郝彦伟　王　文
编　委　杨照涛　张大昌　吴忠涛　冯永强　韩　玲

主　编　冯永强
编　者　马俊杰　张宝利　杜宏宠　韩利琳　李周玺　杨建军
　　　　延军平　段联合　刘文宗　吕培涛　杨松峰　韩丽荣
　　　　侯新宏　张修博　庄肃凯
编　辑　黄　良　王建建　宋海平　赵　瑶　马雪利

　　环境问题是一个发展问题，是人类在发展中，特别是在现代化进程中都会遇到的问题。优美环境是人类福祉的重要部分，党的十八大以来，党中央、国务院把生态文明建设和环境保护放在更加重要的战略位置，把生态文明建设纳入中国特色社会主义事业"五位一体"总体布局，做出一系列重大决策部署，认识高度、推进力度、实践深度前所未有。正像习近平总书记所说，环境就是民生，青山就是美丽，蓝天也是幸福。所以，保护环境既是发展的需要，也是发展的目的，只有在保护下的发展才是可持续发展。

　　良好的生态环境是最公平的公共产品，是最普惠的民生福祉，环境保护是一项需要全民参与的伟大事业。当前，越来越多的人开始关注环境问题。为使广大群众进一步了解环境保护知识和生态文明的理念，增强全民环境意识、生态意识，陕西省环境保护厅精心组织编写了《公众环保知识系列读本》，以普及环保知识、宣传环保政策法规、传播绿色理念、增强环境意识为着眼点，在内容取材上力求新颖、全面，贴近生活；在表达上力求文字简洁、通俗易懂；在编排上力求图文并茂、生动活泼，为环境宣传教育提供了一套很好的参考性书籍，是一件非常有意义的事情。《公众环保知识系列读本》（政策法规篇）立足国际视野，介绍我国的环境保护政策、国内外环保法律法规，在环境保护中政府、企业、公众的责任与义务，环境污染案例等，引导社会各界为环境保护尽职尽责。诚如书中所述，广大公众提高环境意识、普及环保知识与政策法规，倡导绿色发展，从自身做起，从点滴做起，让更多的人行动起来，必能迎来光明的前景。

　　让我们的天更蓝，水更清，山更绿，需要全社会共同参与，积极行动起来，全面落实环保行动。为了实现人与自然的和谐发展，我们每个人都应为保护环境做努力，不断增强法制观念，牢固树立环境意识，并落实到具体的环保行动上，让生态环保融入我们的家庭，融入我们的生活，融入我们的社会，深入地开展绿色创建活动，宣传环境保护、绿色发展和生态文明，切实保护好我们生存的家园，构建美丽中国。

PREFACE

目录
Contents

- 前 言
- **第一章 环境保护是我国的一项基本国策 / 1**
  - 一、习近平总书记关于生态文明建设和环境保护的重要论述 / 2
  - 二、十八大以来党中央国务院关于生态文明建设和环境保护的战略部署 / 9
- **第二章 环境保护法律法规 / 13**
  - 一、国际环境保护法律法规简介 / 14
  - 二、我国的环境保护法律体系 / 18
  - 三、新《环境保护法》解读 / 33
  - 四、《大气污染防治行动计划》十条措施力促空气质量改善 / 37
  - 五、读懂《水污染防治行动计划》，关注水环境质量 / 39
- **第三章 保护环境，人人有责 / 41**
  - 一、政府的环境保护责任和义务 / 42
    1. 宣传教育 / 42
    2. 信息公开 / 44
    3. 推动清洁能源生产使用 / 46
    4. 执法监管 / 48
    5. 建立环境污染公共监测预警机制 / 50
    6. 政策激励 / 52
    7. 统筹城乡污染设施建设 / 55

二、企业的环境保护责任和义务 / 58

1. 清洁生产 / 58
2. 防止污染和危害 / 61
3. 接受现场检查 / 62
4. 遵守环境影响评价和"三同时"制度 / 63
5. 环境保护责任制度 / 66
6. 安装使用监测设备 / 68
7. 缴纳排污费 / 70
8. 按照排污许可证排污 / 72
9. 公开排污信息 / 75
10. 不得未批先建 / 77
11. 规范排污方式 / 78
12. 农业污染防治 / 80
13. 制定突发环境事件应急预案 / 82
14. 享受财政补贴 / 83
15. 享受税收优惠 / 84
16. 享受政府采购的优先选择 / 85
17. 陈述、申辩 / 86
18. 申请听证 / 86
19. 申请行政复议 / 87
20. 提起行政诉讼 / 89

三、公民的环境保护责任和义务 / 91

1. 增强环境保护意识 / 91
2. 公民的环境权利和环境义务 / 92

第四章　环境污染案例　/ 93

一、大气污染防治　/ 94

视角1："雾都劫难"——1952年伦敦烟雾事件　/ 94

视角2：首张按日计罚罚单　/ 96

视角3：超标排污要受罚　/ 98

视角4：小空间，大问题　/ 100

视角5：聚焦扬尘污染　/ 102

视角6：关注煤化能源污染　/ 104

二、水污染防治　/ 106

视角1：1956年日本水俣病事件　/ 106

视角2：工业水污染防治　/ 108

视角3：农业水污染防治　/ 110

视角4：废液泄露污染环境　/ 112

视角5：违法排放废水　/ 114

视角6：饮用水安全事件　/ 116

三、固体废物污染防治　/ 118

视角1：美国拉夫运河事件　/ 118

视角2：违法倾倒危险废物　/ 120

视角3：无证处理危险废物要受罚　/ 122

四、噪音污染防治　/ 124

视角1：世界噪音公害事件　/ 124

视角2：建筑施工环境噪音污染　/ 126

视角3：社会生活噪音污染　/ 128

五、放射性污染防治　/ 130

视角1：切尔诺贝利核事故　/ 130

视角2：放射性物质污染事故　/ 132

视角3：石油测井放射源落井事故　/ 134

第一章
环境保护是我国的一项基本国策

生态环境是人类生存和发展的基本条件，是经济、社会发展的基础。保护和建设好生态环境，实现可持续发展，是我国坚持的一项基本国策。党的十八大以来，党中央、国务院把生态文明建设和环境保护摆在了更加重要的战略位置，习近平总书记对生态文明建设和环境保护提出一系列新理念新思想新战略，影响长远。这是中国共产党积极探索经济规律、社会规律和自然规律的认识升华，带来的是发展理念和方式的深刻转变，也是执政理念和方式的深刻转变。

一、习近平总书记关于生态文明建设和环境保护的重要论述

陕西生态环境保护，不仅关系自身发展质量和可持续发展，而且关系全国生态环境大格局。陕西自古就是生态环境优美之地，历史上文人墨客留下了众多描写陕西特别是长安景色的美好诗篇。西汉文学家司马相如的《上林赋》就是一篇杰作，描写了汉代上林苑的巨丽之美，"荡荡乎八川分流，相背而异态"，后来就有了"八水绕长安"的说法。唐代诗人张籍在《沙堤行》中写道"长安大道沙为堤，早风无尘雨无泥"，描写的是长安当时干净整洁的景象。杜甫在《乐游园歌》写的"青春波浪芙蓉园，白日雷霆夹城仗。阊阖晴开昳荡荡，曲江翠幕排银榜。拂水低徊舞袖翻，缘云清切歌声上"，描绘的就是当年长安南郊的旖旎风光。

在生态环境保护上，一定要算大账、长远账、整体账、综合账，不能因小失大、寅吃卯粮、急功近利。生态环境损害容易治理恢

第一章 环境保护是我国的一项基本国策

复难，治理恢复花费的资金投入不知比当初损害时得到的那点收入要高多少倍。宁愿在发展上适当稳一点，也不要破坏生态环境。要紧紧抓住山、河、江、坡综合治理，山有秦岭山系，河有黄河、渭河水系，江有汉江、丹江水系，坡有黄土高坡。要围绕"山青、水净、坡绿"的目标推进生态环境保护，加强国土绿化，增加绿色植被面积，加强以渭河、汉江、丹江综合治理为重点的重大生态工程建设。现在，南水北调已经进京，一旦污染，就会造成严重后果。一定要从源头上加强治理，深化水质保护。要继续推进节能减排，坚决淘汰落后产能，减少污染排放，综合推进城乡环境整治，让三秦大地山更绿、水更清、天更蓝。

——2015年2月15日，习近平总书记来陕讲话摘要

生态环境优势转化为生态农业、生态工业、生态旅游等生态经济的优势，那么绿水青山也就变成了金山银山。

——2005年，时任浙江省委书记的习近平同志指出

生态环境方面欠的债迟还不如早还，早还早主动，否则没法向后人交代。为什么说要努力建设资源节约型、环境友好型社会？你善待环境，环境是友好的；你污染环境，环境总有一天会翻脸，会毫不留情地报复你。这是自然界的客观规律，不以人的意志为转移。因此，对于环境污染的治理，要不惜用真金白银来还债。

——摘自《之江新语》（2007年出版）

要牢固树立正确政绩观。实现科学发展，既要解决发展不够的问题，又要解决持续发展的问题；既要追求科技程度高，又要强调绿色内涵深；既要高度重视转型发展，又要高度重视安全发展。不能只要金山银山，不要绿水青山；不能不顾子孙后代，有地就占、有煤就挖、有油就采、竭泽而渔；更不能以牺牲人的生命为代价换取一时的发展。要坚持反对搞形象工程、政绩工程，坚持反对脱离实际、违背群众意愿的短期行为。

——2008年，习近平同志在中央党校讲话摘录

良好生态环境是最公平的公共产品，是最普惠的民生福祉。

——2013年4月8日至10日，习近平总书记在海南考察时指出

第一章 环境保护是我国的一项基本国策

生态环境保护是功在当代、利在千秋的事业。要清醒认识保护生态环境、治理环境污染的紧迫性和艰巨性，清醒认识加强生态文明建设的重要性和必要性，以对人民群众、对子孙后代高度负责的态度和责任，为人民创造良好生产生活环境。

——2013年5月24日，习近平总书记在主持十八届中央政治局第六次集体学习时指出

只有实行最严格的制度、最严密的法治，才能为生态文明建设提供可靠保障。要建立责任追究制度，对那些不顾生态环境盲目决策、造成严重后果的人，必须追究其责任，而且应该终身追究。

——2013年5月24日，习近平总书记在主持十八届中央政治局第六次集体学习时指出

我们既要绿水青山，也要金山银山。宁要绿水青山，不要金山银山，而且绿水青山就是金山银山。

——2013年9月7日，习近平总书记在哈萨克斯坦纳扎尔巴耶夫大学回答学生问题时指出

山水林田湖是一个生命共同体，人的命脉在田，田的命脉在水，水的命脉在山，山的命脉在土，土的命脉在树。用途管制和生态修复必须遵循自然规律，由一个部门负责领土范围内所有国土空间用途管制职责，对山水林田湖进行统一保护、统一修复是十分必要的。

——2013年11月15日，习近平总书记在对《中共中央关于全面深化改革若干重大问题的决定》做说明时指出

　　保护生态环境就是保护生产力，绿水青山和金山银山绝不是对立的，关键在人，关键在思路。

　　——2014年3月7日，习近平总书记在参加十二届全国人大二次会议贵州代表团审议时强调

　　要把生态环境保护放在更加突出位置，环境就是民生，青山就是美丽，蓝天也是幸福。要着力推动生态环境保护，像保护眼睛一样保护生态环境，像对待生命一样对待生态环境。对破坏生态环境的行为，不能手软，不能下不为例。

　　——2015年3月6日，习近平总书记在参加十二届全国人大三次会议江西代表团审议时强调

　　协调发展、绿色发展既是理念又是举措，务必政策到位，落实到位。要科学布局生产空间、生活空间、生态空间，扎实推进生态环境保护，让良好生态环境成为人民生活质量的增长点，成为展现我国良好形象的发力点。

　　——2015年5月27日，习近平总书记在浙江召开华东七省市党委主要负责同志座谈会时指出

　　要大力推进生态文明建设，强化综合治理措施，落实目标责任，推进清洁生产，扩大绿色植被，让天更蓝、山更绿、水更清、生态环境更美好。

　　——2015年7月16日至18日，习近平总书记在吉林调研时指出

第一章 环境保护是我国的一项基本国策

"十三五"时期我国发展，既要看速度，也要看增量，更要看质量，要着力实现有质量、有效益、没水分、可持续的增长，着力在转变经济发展方式、优化经济结构、改善生态环境、提高发展质量和效益中实现经济增长。

——2015年11月3日，习近平总书记在关于《中共中央关于制定国民经济和社会发展第十三个五年规划的建议》的说明中提出

坚持绿色发展，也就是必须坚持节约资源和保护环境的基本国策，坚持可持续发展，坚定走生产发展、生活富裕、生态良好的文明发展道路，加快建设资源节约型、环境友好型社会，形成人与自然和谐发展现代化建设新格局，推进美丽中国建设，为全球生态安全做出新贡献。

——2015年11月7日，习近平总书记在新加坡国立大学演讲时提到

未来五年，中国将按照创新、协调、绿色、开放、共享的发展理念，着力实施创新驱动发展战略，坚持新型工业化、信息化、城镇化、农业现代化同步发展；坚持绿色低碳发展，改善环境质量；坚持深度融入全球经济，落实"一带一路"倡议；坚持全面保障和改善民生，使发展成果更多更公平惠及全体人民。

——2015年11月15日，习近平总书记在G20领导人第十次峰会上首次向国际社会阐述"五大发展理念"

"万物各得其和以生，各得其养以成。"中华文明历来强调天人合一、尊重自然。面向未来，中国将把生态文明建设作为"十三五"规划重要内容，落实创新、协调、绿色、开放、共享的发展理念，通过科技创新和体制机制创新，实施优化产业结构、构建低碳能源体系、发展绿色建筑和低碳交通、建立全国碳排放交易市场等一系列政策措施，形成人和自然和谐发展现代化建设新格局。

——2015年11月30日，习近平总书记在气候变化巴黎大会开幕式上的讲话

统筹生产、生活、生态三大布局，提高城市发展的宜居性。城市发展要把握好生产空间、生活空间、生态空间的内在联系，实现生产空间集约高效、生活空间宜居适度、生态空间山清水秀。

——2015年12月20日，习近平总书记在中央城市工作会议上的讲话

生态环境没有替代品，用之不觉，失之难存。在生态环境保护建设上，一定要树立大局观、长远观、整体观，坚持保护优先，坚持节约资源和保护环境的基本国策，像保护眼睛一样保护生态环境，像对待生命一样对待生态环境，推动形成绿色发展方式和生活方式。

——2016年3月10日，习近平总书记参加十二届全国人大四次会议青海代表团审议时强调

二、十八大以来党中央国务院关于生态文明建设和环境保护的战略部署

必须更加自觉地把全面协调可持续作为深入贯彻落实科学发展观的基本要求,全面落实经济建设、政治建设、文化建设、社会建设、生态文明建设五位一体总体布局,促进现代化建设各方面相协调,促进生产关系与生产力、上层建筑与经济基础相协调,不断开拓生产发展、生活富裕、生态良好的文明发展道路。

——中国共产党第十八次全国代表大会报告

要进一步保持经济发展良好势头,紧紧围绕以科学发展为主题、以加快转变经济发展方式为主线,坚持稳中求进,坚持扩大内需,加大统筹城乡发展力度,强化创新驱动,加快产业结构战略性调整,继续实施区域发展总体战略和主体功能区战略,积极稳妥推进城镇化,加强节能减排,推动经济持续健康发展。

——摘自《中国共产党第十八届中央委员会第二次全体会议公报》

建设生态文明,必须建立系统完整的生态文明制度体系,用制度保护生态环境。要健全自然资源资产产权制度和用途管制制度,划定

生态保护红线，实行资源有偿使用制度和生态补偿制度，改革生态环境保护管理体制。

——摘自《中国共产党第十八届中央委员会第三次全体会议公报》

面对新形势新任务，我们党要更好统筹国内国际两个大局，更好维护和运用我国发展的重要战略机遇期，更好统筹社会力量、平衡社会利益、调节社会关系、规范社会行为，使我国社会在深刻变革中既生机勃勃又井然有序，实现经济发展、政治清明、文化昌盛、社会公正、生态良好，实现我国和平发展的战略目标，必须更好发挥法治的引领和规范作用。

——摘自《中国共产党第十八届中央委员会第四次全体会议公报》

实现"十三五"时期发展目标，破解发展难题，厚植发展优势，必须牢固树立并切实贯彻创新、协调、绿色、开放、共享的发展理念。这是关系我国发展全局的一场深刻变革。全党同志要充分认识这场变革的重大现实意义和深远历史意义。

——摘自《中国共产党第十八届中央委员会第五次全体会议公报》

坚持绿色发展，必须坚持节约资源和保护环境的基本国策，坚持可持续发展，坚定走生产发展、生活富裕、生态良好的文明发展道路。

——摘自《中国共产党第十八届中央委员会第五次全体会议公报》

第一章 环境保护是我国的一项基本国策

　　树立尊重自然、顺应自然、保护自然的理念，生态文明建设不仅影响经济持续健康发展，也关系政治和社会建设，必须放在突出地位，融入经济建设、政治建设、文化建设、社会建设各方面和全过程。

　　——摘自《生态文明体制改革总体方案》

　　加快推进生态文明建设是加快转变经济发展方式、提高发展质量和效益的内在要求，是坚持以人为本、促进社会和谐的必然选择，是全面建成小康社会、实现中华民族伟大复兴中国梦的时代抉择，是积极应对气候变化、维护全球生态安全的重大举措。要充分认识加快推进生态文明建设的极端重要性和紧迫性，切实增强责任感和使命感，牢固树立尊重自然、顺应自然、保护自然的理念，坚持绿水青山就是金山银山，动员全党、全社会积极行动，深入持久地推进生态文明建设，加快形成人与自然和谐发展的现代化建设新格局，开创社会主义生态文明新时代。

　　——摘自《中共中央国务院关于加快推进生态文明建设的意见》

　　坚持把绿色发展、循环发展、低碳发展作为基本途径。经济社会发展必须建立在资源得到高效循环利用、生态环境受到严格保护的基础上，与生态文明建设相协调，形成节约资源和保护环境的空间格局、产业结构、生产方式。

　　——摘自《中共中央国务院关于加快推进生态文明建设的意见》

第二章
环境保护法律法规

环境保护工作的持续发展,需要有完善、科学的法律法规体系作为支持和保障,加强环境保护的法律法规体系建设是创建和保障社会和谐、持续发展的基础工作,是有法可依的理论基础,是执法必严的重要保证。加强环境保护法律法规建设,对于保护和改善环境,保障人类健康,促进经济和社会可持续发展具有重要的意义。

一、国际环境保护法律法规简介

国际环保立法概况

国际环境法是关于国际环境问题的原则、规则和制度的总和,是主要调整国家在国际环境领域的具有法律约束力的规章制度,是保护环境和自然资源、防治污染和制裁公害的国际法律规则,是建立在"地球一体"概念上的国际法新领域。其渊源主要包括国际公约、国际习惯、一般法律原则、司法判例和国际法学家的著作、国际组织的决议等法律文件。

第二章 环境保护法律法规

在国际环境保护领域，重要条约有1946年的《国际捕鲸管制公约》、1959年的《南极条约》、1971年的《关于特别是作为水禽栖息地的国际重要湿地公约》、1972年的《保护世界文化和自然遗产公约》、1973年的《濒危野生动植物物种国际贸易公约》、1982年的《联合国海洋法公约》、1985年的《保护臭氧层维也纳公约》、1987年的《关于化学品国际贸易资料交换的准则》、1987年的《关于消耗臭氧层物质的蒙特利尔议定书》、1989年的《控制危险废物越境转移及其处置巴塞尔公约》、1991年的《关于环境保护的南极条约议定书》、1992年的《联合国气候变化框架公约》和《生物多样性公约》、1997年的《京都议定书》及2000年的《卡塔赫纳生物安全议定书》等。

国际环境保护法的基本原则有：尊重国家主权原则、环境保护国际合作原则、公平承担责任原则（共同但有差别）、合理承担污染损害责任原则、和平解决环境争端原则、可持续发展原则、人类共同利益原则。

德国的立法

从20世纪70年代开始,当时的西德政府出台了一系列环境保护方面的法律和法规。《垃圾处理法》是德国的第一部环境保护法。20世纪90年代初,德国议会将保护环境的内容写入修改后的《基本法》。在《基本法》第二十条A款中这样写道:"国家应该本着对后代负责的精神保护自然的生存基础条件。"这一条款对德国整个政治领域产生了很大影响。目前,全德国联邦和各州的环境法律、法规约有8000部,除此之外,还实施欧盟约400个相关法规。从1972年通过的第一部环保法至今,德国已拥有世界上最完备、最详细的环境保护法律体系。

日本的立法

日本的环境质量在世界上位居前列。良好的环境,源于日本各个层面的共同努力。日本有多方面的环境保护的法律,关于环境保护的基本法,如《环境污染控制基本法》《环境基本法》等。这类法律是有关环境保护、防止公害的基本法律,提出了环境保护方面的一般原则和基本规定;关于环境保护的专业法律,如《大气污染防治法》

第二章 环境保护法律法规

《噪音管制法》等。这类有关环保专业领域的立法数量最多；关于环境保护的综合法，如《工厂废物控制法》《资源有效利用促进法》等；还有虽然不直接属于环保，但和环保有密切关系的法律，如《公害健康损害赔偿法》《居住生活基本法》等。

芬兰的立法

芬兰在许多全球性的环保标准比较排名中都名列前茅，比如世界经济论坛的环境可持续性指数。芬兰的强项在于高效的环境管理和法规，以及社会的各个领域对于环境保护的重视。这个森林占国土面积66.7%的"绿色国家"早在1886年9月3日就颁布了世界上第一部有关环保的法规——《森林法》，强调林木采伐后必须立即更新造林。

芬兰环境保护法明确规定，产生不分类混合垃圾的商店要缴纳垃圾处理费。超市设立了分类垃圾箱，纸板送到回收公司，过期食品等作为生物垃圾运往发酵池做肥料，废电池和玻璃等垃圾也要分门别类。超市入口处的绿色图板，上面专门标出了超市内饮料瓶、纸板、旧衣服、金属、玻璃等废旧物品的分类回收点。

 二、我国的环境保护法律体系

我国环保法律体系有哪些？

我国现行的环保法律体系是以《中华人民共和国宪法》为基础，以《中华人民共和国环境保护法》为主体，以其他环境保护单行法、相关法、行政法、部门规章、地方性法规与地方政府规章、环境保护标准体系、国际环境保护公约为体系的。

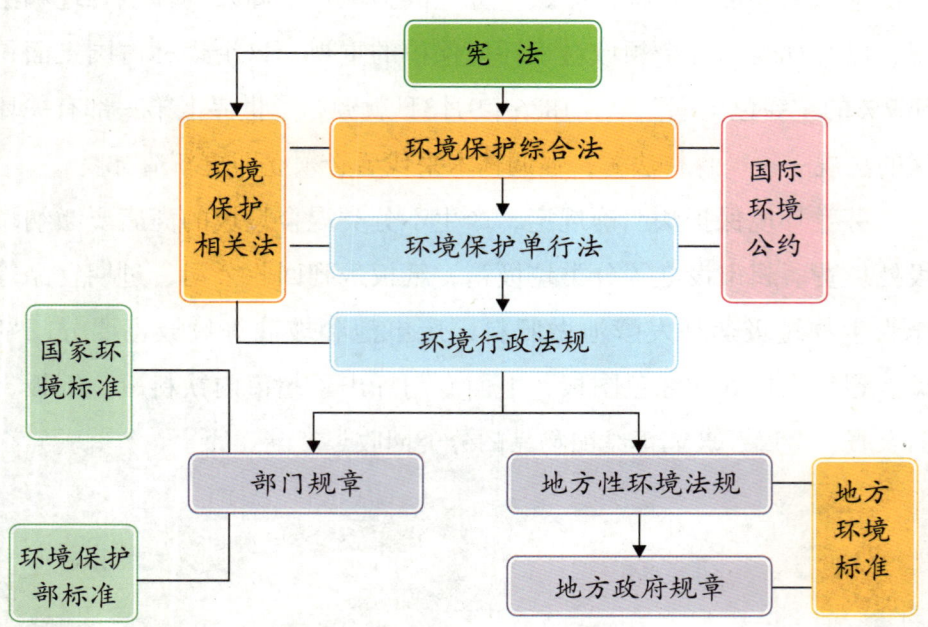

国际环境公约速览

联合国气候变化框架公约

《联合国气候变化框架公约》是联合国环境与发展大会通过的世界第一个为全面控制温室气体排放,以应对全球气候变暖给人类经济和社会带来不利影响的国际公约。公约规定缔约方应采取措施限制温室气体排放,同时向发展中国家提供资金以支付发展中国家履行公约所需增加的费用,并采取一切可行的措施促进和方便有关技术转让的进行。

中国于1992年6月签署该公约。

保护臭氧层维也纳公约

《保护臭氧层维也纳公约》于1985年在维也纳签署,公约明确指出大气臭氧层耗损对人类健康和环境可能造成的危害,呼吁各国政府采取合作行动,保护臭氧层,并首次提出氟氯烃类物质作为被监控的化学品。

中国于1989年9月加入该公约。

巴塞尔公约

《巴塞尔公约》旨在遏止越境转移危险废料，特别是向发展中国家出口和转移危险废料。公约要求各国把危险废料数量减到最低限度，用最有利于环境保护的方式尽可能就地储存和处理。公约明确规定：如出于环保考虑

确有必要越境转移废料，出口危险废料的国家必须事先向进口国和有关国家通报废料的数量及性质；越境转移危险废料时，出口国必须持有进口国政府的书面批准书。公约还呼吁发达国家与发展中国家通过技术转让、交流情报和培训技术人员等多种途径在处理危险废料领域中加强国际合作。

中国于1990年3月签署该公约。

生物多样性公约

1992年6月5日，《生物多样性公约》在里约热内卢联合国环境与发展大会上签署，它为生物资源和生物多样性的全面保护和持续利用建立了一个法律框架。公约主要规定了缔约国应将本国国境内的野生生物列入物种保护目标，制定保护濒危物种的计划，建立财务机制以帮助发展中国家实施管理和保护计划，使用一国生物资源必须与该国分享研究成果、技术和所得利益。

中国于1993年1月加入该公约。

关注更多国际环境公约

我国的环保法律法规速览

——国家法律——

中华人民共和国环境保护法

为保护和改善环境，防治污染和其他公害，保障公众健康，推进生态文明建设，促进经济社会可持续发展，制定本法。

本法自2015年1月1日起施行。

中华人民共和国大气污染防治法

为保护和改善环境，防治大气污染，保障公众健康，推进生态文明建设，促进经济社会可持续发展，制定本法。

本法自2016年1月1日起施行。

中华人民共和国水污染防治法

为了防治水污染，保护和改善环境，保障饮用水安全，促进经济社会全面协调可持续发展，制定本法。本法适用于中华人民共和国领域内的江河、湖泊、运河、渠道、水库等地表水体以及地下水体的污染防治。

本法自2008年6月1日起施行。

中华人民共和国固体废物污染环境防治法

为了防治固体废物污染环境，保障人体健康，维护生态安全，促进经济社会可持续发展，制定本法。本法适用于中华人民共和国境内固体废物污染环境的防治。

本法自2005年4月1日起施行。

中华人民共和国放射性污染防治法

为了防治放射性污染，保护环境，保障人体健康，促进核能、核技术的开发与和平利用，制定本法。本法适用于中华人民共和国领域和管辖的其他海域在核设施选址、建造、运行、退役和核技术、铀（钍）矿、伴生放射性矿开发利用过程中发生的放射性污染的防治活动。

本法自2003年10月1日起施行。

中华人民共和国环境噪声污染防治法

为防治环境噪声污染，保护和改善生活环境，保障人体健康，促进经济和社会发展，制定本法。本法适用于中华人民共和国领域内环境噪声污染的防治。因从事本职生产、经营工作受到噪声危害的防治，不适用本法。

本法自1997年3月1日起施行。

中华人民共和国环境影响评价法

为了实施可持续发展战略，预防因规划和建设项目实施后对环境造成不良影响，促进经济、社会和环境的协调发展，制定本法。本法所称环境影响评价，是指对规划和建设项目实施后可能造成的环境影响进行分析、预测和评估，提出预防或者减轻不良环境影响的对策和措施，进行跟踪监测的方法与制度。

本法自2003年9月1日起施行。

中华人民共和国循环经济促进法

为了促进循环经济发展，提高资源利用效率，保护和改善环境，实现可持续发展，制定本法。发展循环经济是国家经济社会发展的一项重大战略，应当遵循统筹规划、合理布局，因地制宜、注重实效，政府推动、市场引导，企业实施、公众参与的方针。

本法自2003年1月1日起施行。

中华人民共和国节约能源法

为了推动全社会节约能源，提高能源利用效率，保护和改善环境，促进经济社会全面协调可持续发展，制定本法。节约资源是我国的基本国策。国家实施节约与开发并举、把节约放在首位的能源发展战略。

本法自2008年4月1日起施行。

中华人民共和国可再生能源法

为了促进可再生能源的开发利用，增加能源供应，改善能源结构，保障能源安全，保护环境，实现经济社会的可持续发展，制定本法。本法适用于中华人民共和国领域和管辖的其他海域。

本法自2010年4月1日起施行。

中华人民共和国清洁生产促进法

为了促进清洁生产，提高资源利用效率，减少和避免污染物的产生，保护和改善环境，保障人体健康，促进经济与社会可持续发展，制定本法。在中华人民共和国领域内，从事生产和服务活动的单位以及从事相关管理活动的部门依照本法规定，组织、实施清洁生产。

本法自2012年7月1日起施行。

关注更多国家环保法律

——行政法规——

畜禽规模养殖污染防治条例

为了防治畜禽养殖污染，推进畜禽养殖废弃物的综合利用和无害化处理，保护和改善环境，保障公众身体健康，促进畜牧业持续健康发展，制定本条例。本条例适用于畜禽养殖场、养殖小区的养殖污染防治。本条例自2014年1月1日起施行。

放射性同位素与射线装置安全和防护条例

为了加强对放射性同位素、射线装置安全和防护的监督管理，促进放射性同位素、射线装置的安全应用，保障人体健康，保护环境，制定本条例。在中华人民共和国境内生产、销售、使用放射性同位素和射线装置，以及转让、进出口放射性同位素的，应当遵守本条例。本条例所称放射性同位素包括放射源和非密封放射性物质。本条例自2005年12月1日起施行。

危险化学品安全管理条例

为了加强危险化学品的安全管理，预防和减少危险化学品事故，保障人民群众生命财产安全，保护环境，制定本条例。危险化学品生产、储存、使用、经营和运输的安全管理，适用本条例。本条例自2011年12月1日起施行。

规划环境影响评价条例

为了加强对规划的环境影响评价工作，提高规划的科学性，从源头预防环境污染和生态破坏，促进经济、社会和环境的全面协调可持续发展，根据《中华人民共和国环境影响评价法》，制定本条例。本条例自2009年10月1日起施行。

废弃电器电子产品回收处理管理条例

为了规范废弃电器电子产品的回收处理活动，促进资源综合利用和循环经济发展，保护环境，保障人体健康，根据《中华人民共和国清洁生产促进法》和《中华人民共和国固体废物污染环境防治法》的有关规定，制定本条例。本条例自2011年1月1日起施行。

建设项目环境保护管理条例

为了防止建设项目产生新的污染、破坏生态环境，制定本条例。在中华人民共和国领域和中华人民共和国管辖的其他海域内建设对环境有影响的建设项目，适用本条例。本条例自1998年11月29日起施行。

排污费征收使用管理条例

为了加强对排污费征收、使用的管理，制定本条例。直接向环境排放污染物的单位和个体工商户（以下简称排污者），应当依照本条例的规定缴纳排污费。本条例自2003年7月1日起施行。

医疗废物管理条例

为了加强医疗废物的安全管理，防止疾病传播，保护环境，保障人体健康，根据《中华人民共和国传染病防治法》和《中华人民共和国固体废物污染环境防治法》，制定本条例。本条例适用于医疗废物的收集、运送、贮存、处置以及监督管理等活动。本条例自2003年6月16日起施行。

 关注更多国家环保行政法规

——地方性法规——

陕西省大气污染防治条例

为防治大气污染，保护和改善大气环境，保障人体健康，促进经济社会可持续发展，根据《中华人民共和国大气污染防治法》等有关法律、行政法规，结合本省实际，制定本条例。本条例适用于本省行政区域内的大气污染防治活动。本条例自2014年4月1日起施行。

陕西省固体废物污染环境防治条例

为了防治固体废物污染环境，保障公众健康，维护生态安全，促进经济社会可持续发展，根据《中华人民共和国环境保护法》《中华人民共和国固体废物污染环境防治法》及有关法律、行政法规，结合本省实际，制定本条例。本条例适用于本省行政区域内固体废物污染环境的防治及其监督管理活动。本条例自2016年4月1日起施行。

陕西省地下水条例

为加强地下水保护和管理，科学合理开发利用地下水，实现地下水安全和可持续利用，根据《中华人民共和国水法》《中华人民共和国水污染防治法》等法律、行政法规，结合本省实际，制定本条例。

本省行政区域内地下水的保护、开发利用、监测和监督管理活动，适用本条例。本条例自2016年4月1日起施行。

陕西省放射性污染防治条例

为了防治放射性污染，维护环境安全，保障人体健康，根据《中华人民共和国放射性污染防治法》等法律、行政法规规定，结合本省实际，制定本条例。本条例适用于本省行政区域内放射性污染的防治及其监督管理活动。本条例自2014年10月1日起施行。

陕西省水土保持条例

为了预防和治理水土流失，保护和合理利用水土资源，减轻水、旱、风沙灾害，改善生态环境，促进生态文明建设，保障经济社会可持续发展，根据《中华人民共和国水土保持法》及有关法律、行政法规，结合本省实际，制定本条例。本省行政区域内从事水土保持活动或者从事可能造成水土流失的自然资源开发利用、生产建设等活动的单位和个人，应当遵守本条例。本条例自2013年10月1日起施行。

陕西省渭河流域管理条例

为了加强渭河流域水利管理，合理利用渭河及其支流水资源，防治渭河流域水污染，改善流域生态环境，保障人民生命财产安全，根据《中华人民共和国水法》《中华人民共和国水污染防治法》等法律、行政法规，结合本省实际，制定本条例。本条例适用于本省境内渭河及其支流水资源利用、水污染防治、防汛抗洪、河道管理、生态建设和保护等活动。本条例自2013年1月1日起施行。

陕西省实施《中华人民共和国突发事件应对法》办法

为了规范突发事件应对活动，预防和减少突发事件的发生，控制、减轻和消除突发事件引起的严重社会危害，提高突发事件应对效能，保护人民生命财产安全，根据《中华人民共和国突发事件应对法》，结合本省实际，制定本办法。本省行政区域内突发事件的预防与应急准备、监测与预警、应急处置与救援、事后恢复与重建等应对活动，适用本办法。本办法自2012年10月1日起施行。

陕西省循环经济促进条例

为了促进循环经济发展，减少资源消耗和废物产生，提高资源利用效率，保护和改善环境，加快转变经济发展方式，建设资源节约型、环境友好型社会，实现全面协调可持续发展，根据《中华人民共和国循环经济促进法》及有关法律、行政法规，结合本省实际，制定本条例。本省行政区域内的单位和个人应当遵守本条例。本条例自2011年12月1日起施行。

陕西省节约能源条例

为了推进全社会节约能源，提高能源利用效率和经济效益，发展循环经济，保护环境，建设节约型社会，保障国民经济和社会可持续发展，根据《中华人民共和国节约能源法》和其他有关法律、行政法规，结合本省实际，制定本条例。本省行政区域内从事能源的开发、经营、利用、管理等活动，适用本条例。本条例自2006年12月1日起施行。

陕西省煤炭石油天然气开发环境保护条例

为了预防和治理煤炭、石油、天然气开发造成的生态破坏和环境污染，保护和改善生活环境与生态环境，科学合理地开发利用煤炭、石油、天然气资源，根据《中华人民共和国环境保护法》和有关法律、行政法规，结合本省实际，制定本条例。本省行政区域内的煤炭、石油、天然气开发环境保护和管理监督活动，适用本条例。本条例自2007年9月27日起施行。

第二章 环境保护法律法规

陕西省秦岭生态环境保护条例

为了保护秦岭生态环境，维护秦岭水源涵养、水土保持功能，保护生物多样性，规范秦岭资源开发利用活动，促进人与自然和谐相处，实现经济与社会可持续发展，根据国家有关法律、行政法规，结合本省实际，制定本条例。在秦岭生态环境保护范围内从事植被、水资源、生物多样性保护以及开发建设等活动适用本条例。本条例自2008年3月1日起施行。

陕西省实施《中华人民共和国水法》办法

为了实施《中华人民共和国水法》，结合本省实际，制定本办法。本省行政区域内从事水资源开发、利用、节约、保护、管理和防治水害的活动，适用本办法。本办法自2006年10月1日起施行。

陕西省实施《中华人民共和国环境影响评价法》办法

为了实施《中华人民共和国环境影响评价法》，结合本省实际，制定本办法。环境影响评价遵循客观、公开、公正的原则，综合考虑规划或者建设项目实施后对各种环境因素及其所构成的生态环境可能造成的影响，提出预防或者减轻不良环境影响的对策和措施，为决策提供科学依据。本办法自2007年4月1日起施行。

陕西省汉江丹江流域水污染防治条例

为了防治汉江、丹江流域水污染，保护和改善水资源环境，保证水资源的有效利用，促进区域经济可持续发展，根据《中华人民共和国环境保护法》《中华人民共和国水污染防治法》等法律、行政法规，结合本省实际，制定本条例。本条例适用于本省行政区域内汉江、丹江流域的地表水体和地下水体的污染防治。本条例自2006年3月1日起施行。

关注更多陕西省地方性法规

——部门规章——

环境信息公开办法（试行）

为了推进和规范环境保护行政主管部门（以下简称环保部门）以及企业公开环境信息，维护公民、法人和其他组织获取环境信息的权益，推动公众参与环境保护，依据《中华人民共和国政府信息公开条例》《中华人民共和国清洁生产促进法》和《国务院关于落实科学发展观加强环境保护的决定》以及其他有关规定，制定本办法。本办法自2008年5月1日起施行。

突发环境事件调查处理办法

为规范突发环境事件调查处理工作，依照《中华人民共和国环境保护法》《中华人民共和国突发事件应对法》等法律法规，制定本办法。本办法适用于对突发环境事件的原因、性质、责任的调查处理。本办法自2015年3月1日起施行。

企业事业单位环境信息公开办法

为维护公民、法人和其他组织依法享有获取环境信息的权利，促进企业事业单位如实向社会公开环境信息，推动公众参与和监督环境保护，根据《中华人民共和国环境保护法》《企业信息公示暂行条例》等有关法律法规，制定本办法。本办法自2015年1月1日起施行。

环境保护主管部门实施限制生产、停产整治办法

为规范实施限制生产、停产整治措施，依据《中华人民共和国环

境保护法》，制定本办法。县级以上环境保护主管部门对超过污染物排放标准或者超过重点污染物排放总量控制指标排放污染物的企业事业单位和其他生产经营者，责令采取限制生产、停产整治措施的，适用本办法。本办法自2015年1月1日起施行。

环境保护主管部门实施查封、扣押办法

为规范实施查封、扣押，依据《中华人民共和国环境保护法》《中华人民共和国行政强制法》等法律，制定本办法。对企业事业单位和其他生产经营者违反法律法规规定排放污染物，造成或者可能造成严重污染，县级以上环境保护主管部门对造成污染物排放的设施、设备实施查封、扣押的，适用本办法。本办法自2015年1月1日起施行。

环境保护主管部门实施按日连续处罚办法

为规范实施按日连续处罚，依据《中华人民共和国环境保护法》《中华人民共和国行政处罚法》等法律，制定本办法。县级以上环境保护主管部门对企业事业单位和其他生产经营者实施按日连续处罚的，适用本办法。本办法自2015年1月1日起施行。

突发环境事件应急管理办法

为预防和减少突发环境事件的发生，控制、减轻和消除突发环境事件引起的危害，规范突发环境事件应急管理工作，保障公众生命安全、环境安全和财产安全，根据《中华人民共和国环境保护法》《中华人民共和国突发事件应对法》《国家突发环境事件应急预案》及相关法律法规，制定本办法。各级环境保护主管部门和企业事业单位组织开展的突发环境事件风险控制、应急准备、应急处置、事后恢复等工作，适用本办法。本办法自2015年6月5日起施行。

环境保护公众参与办法

为保障公民、法人和其他组织获取环境信息、参与和监督环境保护的权利，畅通参与渠道，促进环境保护公众参与依法有序发展，根据《中华人民共和国环境保护法》及有关法律法规，制定本办法。本办法适用于公民、法人和其他组织参与制定政策法规、实施行政许可或者行政处罚、监督违法行为、开展宣传教育等环境保护公共事务的活动。本办法自2015年9月1日起施行。

扫一扫，更精彩

关注更多部门规章

第二章 环境保护法律法规

三、新《环境保护法》解读

新《环境保护法》有哪些主要内容？

新修订的《中华人民共和国环境保护法》已于2014年4月24日经十二届全国人大常委会第八次会议审议通过，于2015年1月1日起施行。新《环境保护法》进一步明确了政府对环境保护的监督管理职责，完善了生态保护红线等环境保护基本制度，强化了企业污染防治责任，加大了对环境违法行为的法律制裁，法律条文也从原来的47条增加到70条，增强了法律的可执行性和可操作性。这部法因"按日计罚、查封扣押、区域限批、公益诉讼、黑名单制度、行政拘留"等处罚措施，被称为史上最严的环境保护法，成为向环境污染宣战的法律武器。

《中华人民共和国环境保护法》

新《环境保护法》有哪些新亮点？

环境违法按日计罚不封顶，规定环境信用制度

新《环境保护法》规定，企事业单位和其他生产经营者违法排放污染物，受到罚款处罚，被责令改正，拒不改正的，可以按照原处罚数额按日连续处罚。

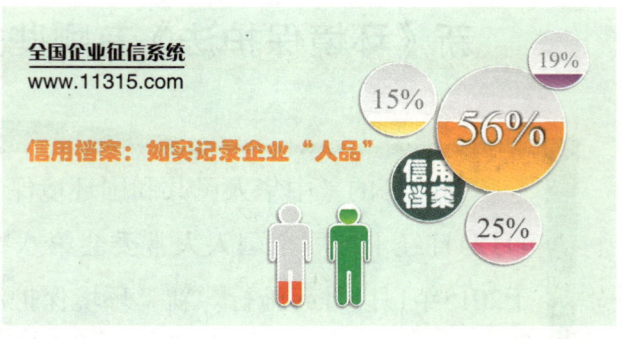

此外，新法还规定了环境信用制度，将企业遵守环境保护法律制度的情况纳入信用管理，将环境违法信息记入社会诚信档案，及时向社会公布违法者名单，促进企业严格守法等。

授予执法部门查封扣押权，引入公安机关行政拘留

新《环境保护法》规定，企事业单位和其他生产经营者违法排放污染物，造成或者可能造成严重污染的，县级以上人民政府环境保护主管部门和其他负有环境保护监督管理职责的部门，可以查封、扣押造成污染物排放的设施、设备。

根据规定，建设项目未批先建，被责令停止建设，拒不执行的；无证排污，被责令停止排污，拒不执行的；通过暗管、渗井、渗坑、灌注或者篡改、伪造监测数据；违规生产、使用农药，拒不改正的，可以移交公安机关实施行政拘留。

 **加大违纪行为处罚力度，设立环保公益诉讼制度**

新《环境保护法》第六十八条规定，地方各级人民政府、县级以上人民政府环境保护主管部门和其他负有环境保护监督管理职责的部门具备九种情形之一的，对直接负责的主管人员和其他直接责任人员给予记过、记大过或者降级处分；造成严重后果的，给予撤职或者开除处分，其主要负责人应当引咎辞职。

新《环境保护法》设立了环保公益诉讼制度，将民间力量有序地纳入环境治理机制。根据规定，诉讼主体为在设区的市级以上人民政府民政部门依法登记，专门从事环境保护公益活动连续五年以上且信誉良好的社会组织。

 **强化环保目标责任制，明确划定生态保护红线**

新《环境保护法》强化了环境保护目标责任制。国家实行环境保护目标责任制和考核评价制度。县级以上人民政府应当将环境保护目标完成情况纳入对本级人民政府负有环境保护监督管理职责的部门及其负责人和下级人民政府及其负责人的考核内容，作为对其考核评价的重要依据。

明确划定生态保护红线。在重点生态功能区、生态环境敏感区和脆弱区建立生态红线保护制度，进行严格的生态环境保护。

确立排污总量控制，建立联防联控

新《环境保护法》规定，重点污染物排放总量控制指标由国务院下达，省、自治区、直辖市人民政府分解落实。企业事业单位在执行国家和地方污染物排放标准的同时，应当遵守分解落实到本单位的重点污染物排放总量控制指标。

同时，提出建立联防联控制度。国家建立跨行政区域的重点区域、流域、环境污染和生态破坏联合防治协调机制，实行统一规划、统一标准、统一监测、统一防治措施。

规范统筹环保设施，建设健全生态保护补偿制度

按照新《环境保护法》的规定，各级政府应当统筹城乡建设污水处理设施及配套管网，固体废物的收集、运输和处置设施，危险废物集中处置设施以及其他环境保护公共设施，并保障其正常运行。同时，国家加大对生态保护地区的财政转移支付力度。有关地方政府应当落实生态保护补偿资金，确保其用于生态保护补偿。

四、《大气污染防治行动计划》十条措施力促空气质量改善

2013年9月12日，国务院发布《大气污染防治行动计划》（以下简称《行动计划》），这是当前和今后一个时期全国大气污染防治工作的行动指南。《行动计划》提出，经过五年努力，使全国空气质量总体改善，重污染天气较大幅度减少；京津冀、长三角、珠三角等区域空气质量明显好转。力争再用五年或更长时间，逐步消除重污染天气，全国空气质量明显改善。为实现以上目标，《行动计划》确定了十项具体措施：

一是加大综合治理力度，减少多污染物排放。全面整治燃煤小锅炉，加快重点行业脱硫、脱硝、除尘改造工程建设。整治城市扬尘。提升燃油品质，限期淘汰黄标车。

二是严控高耗能、高污染行业新增产能，提前一年完成钢铁、水泥、电解铝、平板玻璃等重点行业"十二五"落后产能淘汰任务。

三是大力推行清洁生产，重点行业主要大气污染物排放强度到2017年底下降30%以上。大力发展公共交通。

四是加快调整能源结构，加大天然气、煤制甲烷等清洁能源供应。

五是强化节能环保指标约束，对未通过能评、环评的项目，不得批准开工建设，不得提供土地，不得提供贷款支持，不得供电供水。

六是推行激励与约束并举的节能减排新机制，加大排污费征收力度。加大对大气污染防治的信贷支持。加强国际合作，大力培育环保、新能源产业。

七是用法律、标准"倒逼"产业转型升级。制定、修订重点行业排放标准，建议修订《大气污染防治法》等法律。强制公开重污染行业企业环境信息。公布重点城市空气质量排名。加大违法行为处罚力度。

八是建立环渤海包括京津冀、长三角、珠三角等区域联防联控机制，加强人口密集地区和重点大城市$PM_{2.5}$治理，构建对各省（区、市）的大气环境整治目标责任考核体系。

九是将重污染天气纳入地方政府突发事件应急管理，根据污染等级及时采取重污染企业限产限排、机动车限行等措施。

十是树立全社会"同呼吸、共奋斗"的行为准则，地方政府对当地空气质量负总责，落实企业治污主体责任，国务院有关部门协调联动，倡导节约、绿色消费方式和生活习惯，动员全民参与环境保护和监督。

第二章 环境保护法律法规

五、读懂《水污染防治行动计划》，关注水环境质量

2015年4月16日，国务院印发《水污染防治行动计划》，简称"水十条"。这是当前和今后一个时期全国水污染防治工作的行动指南。

十个关键字帮你读懂"水十条"

 关　"十小"企业将全部取缔

治　整治十大重点行业

 除　清除垃圾河、黑臭河

 禁　禁养区不能有养殖场

 调　"阶梯水价"促节约用水

 保　从水源到"水龙头"无忧

责　因水可能被摘"乌纱帽"

 节　实施最严格水资源管理

晒　排污企业、城市"亮牌"

 奖　"以奖促治"找"领跑者"

 "水十条"如何影响我们的日常生活

 ① 你身边也将有 污水处理设施

到2020年
全国所有县城和重点镇——具备污水收集处理能力
农村污水处理——统一规划、统一建设、统一管理

公众环保知识系列读本
政策法规篇

2 污染行业 退出城区 城市建成区内现有

钢铁　有色金属　造纸　印染　原料药制造　化工

等污染较重的企业应有序搬迁改造或依法关闭

3 彻底远离 黑臭水

加大黑臭水体治理力度，每半年向社会公布治理情况。

4 换上 节水器具

禁止生产、销售不符合节水标准的产品、设备

公共建筑必须采用节水器具，限期淘汰公共建筑中不符合节水标准的水嘴、便器水箱等生活用水器具

鼓励居民家庭选用节水器具

5 优先使用 再生水

车辆冲洗　工业生产　城市绿化
道路清扫　建筑施工　生态景观等

6 多用水要加价

县级及以上城市应于2015年底前全面实行居民阶梯水价制度。
2020年前，全面实行非居民用水超定额、超计划累进加价制度。

7 污水处理费 可能要涨

修订城市污水处理费、排污费、水资源费征收管理办法，做到应收尽收。

8 全过程监管 饮用水安全

自2018年起，所有县级及以上城市饮水安全状况信息都要向社会公开。

9 清理饮用水 污染源

包括饮用水水源保护区内违法建筑和排污口。单一水源供水的地级及以上城市应于2020年底前基本完成备用水源或应急水源建设。

10 鼓励举报水污染

12369

充分发挥"12369"环保举报热线和网络平台作用。限期办理群众举报投诉的环境问题，一经查实，可给予举报人奖励。

第三章
保护环境，人人有责

环境问题在发展中产生，又将在发展中得到解决。正确处理经济发展与环境保护的关系，可以使二者实现双赢、顺利解决环境问题，否则就会走以牺牲环境为代价换取发展的老路。正确处理经济发展与环境保护的关系，关键在于各类社会主体真正承担起社会责任，把保护环境作为政府行政、企业经营、公民行为的准则和理念。

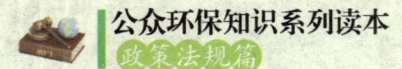

公众环保知识系列读本
政策法规篇

一、政府的环境保护责任和义务

1. 宣传教育

 **宣传教育是环保事业的一项基本任务。**

环境保护宣传教育是社会主义精神文明建设的重要组成部分,对于环境保护工作起着先导、基础、推进和监督作用。

★ 环境保护宣传教育是环境保护工作的助推器。
★ 环境保护宣传教育是激发公众参与环境保护的有效途径。
★ 环境保护宣传教育是推进经济发展方式转变的重要保障。
★ 环境保护宣传教育是生态文明建设的重要抓手。

《环境保护法》第九条规定,各级人民政府应当加强环境保护宣传和普及工作,鼓励基层群众性自治组织、社会组织、环境保护志愿者开展环境保护法律法规和环境保护知识的宣传,营造保护环境的良好风气。

 环保宣传教育的任务

环境保护宣传教育工作的基本任务是通过策划和组织环保新闻宣传活动和环境教育工作，提高全民族的环境意识，树立环境道德伦理，促进人与自然的和谐，推动整个社会走上生产发展、生活富裕、生态良好的文明发展道路。

 如何在新形势下做好环境保护宣传教育工作

① 创新宣传方式，开展丰富多彩的全民环境宣传活动
   ★ 做强做大环保主题宣传、环保成就宣传和环保典型宣传。
   ★ 有针对性地开展环境政策、法制宣传。
   ★ 加大农村环境宣传教育力度。

② 加强舆论引导，扩大环境新闻传播影响力
   ★ 加强环境新闻发布工作。
   ★ 关注舆情，引导舆论。
   ★ 规范新闻采访工作。
   ★ 提高新闻传播能力。

③ 开展全民环境教育行动
   ★ 把生态环境道德观和价值观教育纳入精神文明建设内容进行部署。
   ★ 加强基础教育、高等教育阶段的环境教育和行业职业教育，推动将环境教育纳入国民素质教育的进程。
   ★ 深入推进政务公开，促进政府与公众之间的良性互动。
   ★ 不断开拓创新，丰富公众参与环境保护的渠道和形式。

2. 信息公开

《环境保护法》第五十四条规定，县级以上人民政府环境保护主管部门和其他负有环境保护监督管理职责的部门，应当依法公开环境质量、环境监测、突发环境事件以及环境行政许可、行政处罚、排污费的征收和使用情况等信息。

 哪些环境信息需要公开？

环境质量信息
1. 空气质量
2. 水环境质量
3. 区域环境质量
4. 辐射环境质量

监管对象信息
1. 污染物排放
2. 污染源
3. 项目环评
4. 监管名录
5. 核与辐射安全

执法检查信息
1. 执法依据
2. 执法内容
3. 执法标准
4. 执法程序
5. 执法结果

突发事件信息
1. 应对情况
2. 调查结果

违法违规信息
1. 投诉处理
2. 违规企业及法定代表人
3. 处理和整改

 **信息公开的方式是什么？**

环保部门应当将主动公开的政府环境信息，通过政府网站、公报、新闻发布会以及报刊、广播、电视等便于公众知晓的方式公开。

 **如何申请环境信息公开？**

公民、法人和其他组织依据规定申请环保部门提供政府环境信息的，应当采用信函、传真、电子邮件等书面形式。采取书面形式确有困难的，申请人可以口头提出，由环保部门政府环境信息公开工作机构的工作人员代为填写。

政府环境信息公开申请应当包括下列内容：申请人的姓名或者名称、联系方式；申请公开的政府环境信息内容的具体描述；申请公开的政府环境信息的形式要求。

 **哪些政务信息是免予公开的？**

环保部门在公开政府环境信息前，应当依照《中华人民共和国保守国家秘密法》以及其他法律、法规和国家有关规定进行审查。

下列政务信息免予公开：

★ 属于国家秘密的；

★ 属于商业秘密或者公开可能导致商业秘密被泄露的；

★ 属于个人隐私或者公开可能导致对个人隐私造成不当侵害的；

★ 正在调查、讨论、处理过程中的，但法律、法规另有规定的除外；

★ 与行政执法有关，公开后可能会影响检查、调查、取证等执法活动或者会威胁个人生命安全的；

★ 法律、法规规定免予公开的其他情况。

但是，经权利人同意或者环保部门认为不公开可能对公共利益造成重大影响的涉及商业秘密、个人隐私的政府环境信息，可以予以公开。环保部门对政府环境信息不能确定是否可以公开时，应当依照法律、法规和国家有关规定报有关主管部门或者同级保密工作部门确定。

3. 推动清洁能源生产使用

我国的新能源政策

为推动新能源发展，我国各级政府积极利用财税手段鼓励新能源消费来带动新能源发展，总体来说，主要运用财政政策与税收政策对新能源的生产与消费各环节进行补贴。

	财政政策	税收政策
生产环节	设立新型产业投资基金； 重点示范工程补贴； 风电上网及定价政策等	新能源增值税优惠政策； 企业所得税减免政策等
消费环节	节能产品补贴政策； 新能源汽车补贴政策等	新能源汽车免征车辆购置税； 光伏产品补贴政策等

 **大力发展新能源和可再生能源**

大力发展新能源和可再生能源，是推进能源多元清洁发展、培育战略性新兴产业的重要战略举措，也是保护生态环境、应对气候变化、实现可持续发展的迫切需要。中国坚定不移地大力发展新能源和可再生能源。

- 积极发展水电
- 安全高效发展核电
- 有效发展风电
- 积极利用太阳能
- 开发利用生物质能等其他可再生能源
- 促进清洁能源分布式利用

4. 执法监管

 **新《环境保护法》突出强调政府监督管理责任**

新《环境保护法》进一步明确了政府对环境保护的监督管理职责，包括编制环境保护规划、制定国家环境质量标准、建立监测数据共享机制、编制有关开发利用规划等。

《环境保护法》第二十四条规定，县级以上人民政府环境保护主管部门及其委托的环境监察机构和其他负有环境保护监督管理职责的部门，有权对排放污染物的企业事业单位和其他生产经营者进行现场检查。

 **加强环境监管执法的要求**

一、**严格依法保护环境，推动监管执法全覆盖。**开展环境保护大检查。要求地方各级人民政府对辖区内各类工业园区和排放有毒有害废水、废气或产生处置危险废物的重点工矿企业履行环保法律、法规情况进行大检查，及时登记造册，完善"一厂一档"。

二、对各类环境违法行为"零容忍",加大惩治力度。运用综合手段加大惩治力度。要求利用限产限排、停产整治、停业关闭、行政拘留、查封扣押等行政手段;实行"黑名单"向社会公开等市场手段;对污染环境、破坏生态等损害公众环境权益的行为,鼓励社会组织、公民依法提起公益诉讼和民事诉讼;对涉嫌环境犯罪,及时移送公安机关,依法追究其刑事责任。

三、积极推行"阳光执法",严格规范和约束执法行为。要求依法重拳打击五类恶意违法行为,即:偷排偷放、非法排放有毒有害污染物、非法处置危险废物、不正常使用防治污染设施、伪造或篡改环境监测数据等。

 引导企业事业单位履行环境保护主体责任。

 强化监管

政府和相关环境监管部门应加大对环境违法行为的惩治力度,督促企业落实整改措施,提升企业事业单位环境违法成本。

 引导守法

政府及其相关部门要制定鼓励有利于环境守法的政策措施,拓展与监管对象沟通联系的渠道和方式,为监管对象提供必要的法律帮助、政策指导与技术服务。

③ 公众监督

一方面,加大信息公开力度。另一方面,充分发挥"12369"环保举报热线和网络平台作用,畅通公众环保表达渠道,鼓励社会组织、公民依法维权。

5. 建立环境污染公共监测预警机制

以雾霾为代表的环境污染公共事件，在最近几年高强度频繁发生，各方面高度关注。新《环境保护法》对此专门作出了规定，就是增加了环境污染公共监测预警机制。

《环境保护法》第四十七条规定，县级以上人民政府应当建立环境污染公共监测预警机制，组织制定预警方案；环境受到污染，可能影响公众健康和环境安全时，依法及时公布预警信息，启动应急措施。

什么是环境监测？

环境是指影响人类生存和发展的各种自然因素的总体，包括天然的和人工改造的，如森林、草原、湿地、大气、水、海洋、土地、野生生物、风景名胜区、城市乡村等。

环境监测从广义上讲是对环境要素的监测，具体是指连续或者间断地测定环境中污染物的性质、浓度，观察、分析其变化及对环境影响的过程。

环境监测的主要任务是什么？

环境监测是环境保护工作的重要基础和核心组成部分，贯穿于环境管理的各方面和全过程。《环境保护法》对环境监测的任务要求有以下几点：

一是调查、监测、评估、预警环境资源的承载能力，做好环境状况的调查。厘清环境质量、环境损害和环境污染及环境风险的状况。

二是要划定生态保护红线，制定污染物的排放标准和环境质量标准，关于环境风险评估制度的落实也是必不可少的。

三是服务好公共基础预警机制，冷静面对因环境污染导致的突发事件，同时评估环境污染带来的损失，将结果对外公布。

 **环境污染公共监测预警机制的要求**

环境污染公共监测预警机制的责任主体属于各级人民政府，其要求如下：

① 各级人民政府及其有关的部门、企业事业单位都应当依照《中华人民共和国突发事件应对法》的规定，做好突发事件的风险控制、应急准备、应急的处置和事后恢复的工作。

② 要求各级政府、企业事业单位应当建立环境污染的公共监测预警预案。

③ 在环境受到污染、可能影响到公众健康和环境安全的时候，应当及时公布预警信息。

④ 应当及时启动应急措施，并组织实施，推动环境公共污染危险的减缓。

6. 政策激励

一项好的环保激励政策，往往能起到"四两拨千斤"的作用，撬动一个领域的节能减排工作。在环境污染治理工作中，单纯的行政处罚已越来越多地显露出局限性，企业参与治污关键在"政策激励"，采取奖惩并重的综合手段进行环境治理已经逐渐成为共识。在严惩违法企业的同时，要想办法降低企业守法成本，调动企业主动参与环保治理的热情。

《环境保护法》一方面通过加强执法监督、提高企业的环境违法成本、加强信息公开和公众参与来督促企业的环保履职，另一方面通过市场化手段促使企业主动实施污染防治。

环境保护税

《环境保护法》第四十三条规定，排放污染物的企业事业单位和其他生产经营者，应当按照国家有关规定缴纳排污费。排污费应当全部专项用于环境污染防治，任何单位和个人不得截留、挤占或者挪作他用。依照法律规定征收环境保护税的，不再征收排污费。

环境保护税是企业落实污染减排的一个非常重要的环境经济政策和措施。环境保护税作为环境经济政策的重要内容，其主要目的就是用经济手段调控企业环境行为，使企业为排污造成的环境污染损害承担相应成本。

第三章 保护环境，人人有责

取消排污费，改征环境保护税，对加强环境污染治理，归并推进我国费改税工作，逐步建立我国统一的环境保护税体系等，都具有巨大的根源治理和象征意义。

《中华人民共和国环境保护税法》自2018年1月1日起施行。

丹麦从1992年起开始对工业企业的二氧化碳排放征税，政府强制企业安装监测装置，通过自愿申报和严厉惩罚相结合的方式确定排放量。企业如有遗漏或谎报，一旦发现就适用最高税率，并多倍罚款。为减少对企业经营的不利影响，如果企业主动采取减排措施，经核定后可以向政府申请减免税。

 **积极的经济政策**

《环境保护法》第二十二条规定，企业事业单位和其他生产经营者，在污染物排放符合法定要求的基础上，进一步减少污染物排放的，人民政府应当依法采取财政、税收、价格、政府采购等方面的政策和措施予以鼓励和支持。第二十三条规定，企业事业单位和其他生产经营者，为改善环境，依照有关规定转产、搬迁、关闭的，人民政府应当予以支持。

公众环保知识系列读本
政策法规篇

目前，按照财政部、国家税务总局的有关规定，企业开展资源综合利用，可以享受减（免）增值税和企业所得税的优惠政策。政府还有环境保护专项资金等专项资金对企业污染防治项目进行支持。按照《环境保护法》的精神，超额完成减排任务的，会得到相应的经济和政策支持。

知识小窗

我国在环境保护中探索了一些有效的经济激励机制。如，燃煤电厂脱硫电价政策就是运用经济激励实现减排的成功案例。我国政府早在1992年就开始控制燃煤电厂二氧化硫排放量，但因投运脱硫设备提高了发电成本，设备投运率很低。为了调动企业脱硫的积极性，2004年出台的标杆电价政策规定，新建燃煤脱硫机组上网电价增加1.5分／千瓦时，脱硫发电实现了保本微利。2007年有关部门进一步明确了监管责任和处罚办法，对违规电厂处以最高5倍的罚款，并建立了烟气在线监测系统，提高了减排数据的真实性，增强了监管能力。2015年当年新建投运火电厂烟气脱硫机组容量约0.53亿千瓦；截至2015年底，全国已投运火电厂烟气脱硫机组容量约8.2亿千瓦，占全国火电机组容量的82.8%，占全国煤电机组容量的92.8%。

7. 统筹城乡污染设施建设

《环境保护法》着力强化地方政府的环境质量责任，并且将要求政府加强城乡建设污水处理设施及配套管网，固体废物的收集、运输和处置设施，危险废物集中处置设施以及其他环境保护公共设施，作为政府履行环境质量责任的重要抓手之一。

《环境保护法》第五十一条规定，各级人民政府应当统筹城乡建设污水处理设施及配套管网，固体废物的收集、运输和处置等环境卫生设施，危险废物集中处置设施、场所以及其他环境保护公共设施，并保障其正常运行。

专家解读 本条首先明确了各级政府是统筹城乡建设环境保护公共设施的主要责任主体。环境污染防治具有明显的外部性，一些具有地方公共物品性质的环境保护事务，应当由地方政府负责统筹建设并保障正常运行。

城镇污水处理设施建设

城镇污水处理设施建设情况

截至2015年6月底，全国设市城市、县累计建成污水处理厂3802座，污水处理能力达1.61亿立方米/日。全国设市城市建成运行污水处理厂共计2149座，形成污水处理能力1.32亿立方米/日。全国已有1427个县城建

有污水处理厂，占县城总数的88.4%；累计建成污水处理厂1653座，形成污水处理能力0.29亿立方米/日。

加快城镇污水处理设施建设的可行性建议

- 全面加强配套管网建设。
- 增加对城市污水处理设施建设的资金投入。
- 减免城市污水处理设施建设的有关税费。
- 合理确定城市污水处理费价格。
- 加强污水排放的监督管理。
- 加强城市污水处理厂建设的项目管理，确保工程质量。

城镇生活垃圾处理设施建设

城镇生活垃圾处理设施建设的任务

一是加强无害化垃圾处理场建设。
二是垃圾处理场焚烧发电项目。
三是加强垃圾转运设施建设。

城镇生活垃圾处理设施建设的要求

规范施工管理。城市生活垃圾处理设施建设必须全面推行项目法人制、工程招投标制、质量监督制和项目监理制。参与工程设计、施工、监理的单位必须具有相应资质，垃圾处理建设项目的勘察设计、施工、监理以及与工程建设相关的重要设备、材料等的采购，必须依法进行公开招标。

保证建设标准。新建生活垃圾处理场，要坚持人工防渗、渗沥液处理、填埋气导排、雨污分流、垃圾计量、环境监测设施同时设计、同时施工、同时投入运行。垃圾焚烧设施建设要采用先进可靠的技术及设备,确保烟气排放符合国家规定标准。

加快工程进度。各地环境卫生主管部门要建立项目建设进度时间表,对于各项工程进度节点,要落实责任,倒排工期,确保按时完成。

 危险废物处理设施建设

综合性危险废物集中处置设施的建设是实现危险废物安全处置和环境安全目标最根本的保障。在建设危险废物集中处置设施时,应统筹考虑以下问题:

一要慎重选择危险废物集中处置设施的建设地点。建设地点要远离居民区、饮用水水源地保护区等环境敏感区域。

二要认真对危险废物集中处置设施项目进行环境影响评价。环评人员应对建设地点及周围环境进行实地察看,务必获取真实、可靠的现场数据及资料。

三要严格审批,严控新增危险废物集中处置设施。鼓励危险废物处置企业进行专业化分工协作,分类别处置共同服务范围内的危险废物,争取达到在分工协作前提下全部处置管辖范围内的危险废物。

四要对危险废物集中处置企业严格监管。环保部门要对危险废物集中处置设施建设期间环评、"三同时"制度的执行情况进行全面检查。

五要及时出台地方性法规,对危险废物集中处置设施建设、运营等方面进行细化。

公众环保知识系列读本
政策法规篇

二、企业的环境保护责任和义务

1. 清洁生产

 **什么是清洁生产？**

清洁生产，是指不断采取改进设计、使用清洁的能源和原料、采用先进的工艺技术与设备、改善管理、综合利用等措施，从源头削减污染，提高资源利用效率，减少或者避免生产、服务和产品使用过程中污染物的产生和排放，以减轻或者消除对人类健康和环境的危害。

《环境保护法》第四十条规定，企业应当优先使用清洁能源，采用资源利用率高、污染物排放量少的工艺、设备以及废弃物综合利用技术和污染物无害化处理技术，减少污染物的产生。

《清洁生产促进法》第六条规定，国家鼓励开展有关清洁生产的科学研究、技术开发和国际合作，组织宣传、普及清洁生产知识，推广清洁生产技术。国家鼓励社会团体和公众参与清洁生产的宣传、教育、推广、实施及监督。

清洁生产的实施

新建、改建和扩建项目应当进行环境影响评价，对原料使用、资源消耗、资源综合利用以及污染物产生与处置等进行分析论证，优先采用资源利用率高以及污染物产生量少的清洁生产技术、工艺和设备。

企业在进行技术改造过程中，应当采取以下清洁生产措施：

① 采用无毒、无害或者低毒、低害的原料，替代毒性大、危害严重的原料；

② 采用资源利用率高、污染物产生量少的工艺和设备，替代资源利用率低、污染物产生量多的工艺和设备；

③ 对生产过程中产生的废物、废水和余热等进行综合利用或者循环使用；

④ 采用能够达到国家或者地方规定的污染物排放标准和污染物排放总量控制指标的污染防治技术。

产品和包装物的设计，应当考虑其在生命周期中对人类健康和环境的影响，优先选择无毒、无害、易于降解或者便于回收利用的方案。企业对产品的包装应当合理，包装的材质、结构和成本应当与内装产品的质量、规格和成本相适应，减少包装性废物的产生，不得进行过度包装。

我国政府鼓励清洁生产

企业按照《环境保护法》要求，使用清洁能源，发展循环经济，实施清洁生产，可以得到国家的政策支持、财税等经济扶持。

比如，根据国家发改委等部委颁发的文件，当前燃煤机组按要求安装运行环保设施后，其上网电量的电价享受环保电价补贴脱硫1.5分、脱硝1分、除尘0.2分。

第三章 保护环境，人人有责

2. 防止污染和危害

 **依法采取措施防止污染和危害**

《环境保护法》第六条规定，企业事业单位和其他生产经营者应当防止、减少环境污染和生态破坏，对所造成的损害依法承担责任。

该条款规定企业事业单位和其他生产经营者具有防止、减少污染的义务。如果造成损害，应该承担责任。这里说的责任，应该包括民事责任、行政责任和刑事责任。

《环境保护法》第四十二条规定，排放污染物的企业事业单位和其他生产经营者，应当采取措施，防治在生产建设或者其他活动中产生的废气、废水、废渣、医疗废物、粉尘、恶臭气体、放射性物质以及噪声、振动、光辐射、电磁辐射等对环境的污染和危害。

该条款规定的是企业应当采取措施，防止废气、废水、废渣等各种污染和危害。

如果排污者未采取措施防止污染和危害，比如环保设施运行出问题不及时检修、除尘设备老化不及时更换等，就可能超标超总量排

61

污,还有可能给周边环境及生命财产造成污染损害。违法排污和超标超总量排污可能被查封、扣押排污设施、设备,处以罚款,责令改正或限期改正违法行为,责令限产、停产整治,甚至行政拘留相关责任人,直至责令停业、关闭。情节严重的,可能构成犯罪。

企业防止污染和危害的措施

1. 提高环境意识,采用清洁生产。
2. 采用新技术、新工艺、新设备,尽量在生产过程中防治污染。
3. 加强企业技术改造,提高工业废水、废气、废渣的处理和综合利用能力。

3. 接受现场检查

什么是现场检查?

现场检查是环境保护主管部门的日常监管活动,一般现场检查包括现场检查污染源的污染物排放情况、污染防治设施运行情况、环境保护行政许可执行情况、建设项目环保法律法规执行情况等。通过检查,督促排污者减少污染、消除隐患、及时解决环保问题。

《环境保护法》第二十四条规定，县级以上人民政府环境保护主管部门及其委托的环境监察机构和其他负有环境保护监督管理职责的部门，有权对排放污染物的企业事业单位和其他生产经营者进行现场检查。被检查者应当如实反映情况，提供必要的资料。实施现场检查的部门、机构及其工作人员应当为被检查者保守商业秘密。

积极配合环保监管部门人员接受现场检查

企业应该如实反映情况，提供必要的资料，配合现场检查人员查阅复制相关资料、采样、检测等检查活动。

《中华人民共和国水污染防治法》《中华人民共和国大气污染防治法》《中华人民共和国固体废物污染环境防治法》对拒不接受检查或检查过程中弄虚作假的作了相应处罚规定；特别是阻止现场检查的，可以依照《治安管理处罚法》有关妨碍执行公务的规定处罚。如果在现场检查之前，曾被责令改正或限期改正违法行为而又不接受检查的，即被认为拒不改正，处罚更为严厉，如按日连续处罚等。

4. 遵守环境影响评价和"三同时"制度

 环境影响评价

环境影响评价，是指对规划和建设项目实施后可能造成的环境影

响进行分析、预测和评估，提出预防或者减轻不良环境影响的对策和措施，进行跟踪监测的方法与制度。

《环境保护法》第十九条规定，编制有关开发利用规划，建设对环境有影响的项目，应当依法进行环境影响评价。未依法进行环境影响评价的开发利用规划，不得组织实施；未依法进行环境影响评价的建设项目，不得开工建设。

建设项目的环境影响报告书应当包括下列内容：

- 建设项目概况；
- 建设项目周围环境现状；
- 建设项目对环境可能造成影响的分析、预测和评估；
- 建设项目环境保护措施及其技术、经济论证；
- 建设项目对环境影响的经济损益分析；
- 对建设项目实施环境监测的建议；
- 环境影响评价的结论。

 "三同时"制度

"三同时"制度，是指建设项目需要配置的环境保护设施必须与主体工程同时设计、同时施工、同时投产使用的环境法律制度。该制度系我国首创。

第三章 保护环境，人人有责

《环境保护法》第四十一条规定，建设项目中防治污染的设施，应当与主体工程同时设计、同时施工、同时投产使用。防治污染的设施应当符合经批准的环境影响评价文件的要求，不得擅自拆除或者闲置。

"三同时"制度的适用范围

中华人民共和国领域和中华人民共和国管辖的其他海域对环境有影响的建设项目需要配置环境保护设施的，必须适用"三同时"制度。

"三同时"制度的实施程序

1 建设项目的初步设计，应当按照环境保护设计规范的要求，编制环境保护篇章，并依据经批准的建设项目环境影响报告书或者环境影响报告表，在环境保护篇章中落实防治环境污染和生态破坏的措施以及环境保护设施投资概算。

2 建设项目的主体工程完工后，需要进行试生产，其配套建设的环境保护设施必须与主体工程同时投入试运行，建设项目试生产期间，建设单位应当对环境保护设施运行情况和建设项目对环境的影响进行监测。

65

3

建设项目竣工后，建设单位应当向审批该建设项目环境影响报告书、环境影响报告表或者环境影响登记表的环境保护行政主管部门，申请该建设项目需要配套建设的环境保护设施竣工验收。环境保护设施竣工验收，应当与主体工程竣工验收同时进行。分期建设、分期投入生产或者使用的建设项目，其相应的环境保护设施应当分期验收。

4

建设项目需要配套建设的环境保护设施经验收合格，该建设项目方可投入生产或者使用。

5. 环境保护责任制度

什么是环境保护责任制度？

环境保护责任制度指以环境法律规定为依据，把环境保护工作纳入计划，以责任制为核心，以签订合同的形式，规定企业在环境保护方面的具体权利和义务的法律责任制度。

企业应当建立环境保护责任制度

《环境保护法》第四十二条规定，排放污染物的企业事业单位，应当建立环境保护责任制度，明确单位负责人和相关人员的责任。

第三章 保护环境，人人有责

《环境保护法》强化了排污者的内部环境管理责任，要求建立环境保护责任制度，明确单位负责人和相关人员的责任，实际上是把环境保护的逐项责任分配到个人，明确各自的职责，以增强责任心，是环境保护规范化管理的一部分。

单位负责人是排污单位的主要负责人，是排污单位环境保护的总负责人，在单位内全面负责环境保护工作，对相关责任人进行指导、监督，落实环境保护责任制度。相关人员是指排污单位的环境监管员等，这些人具体负责排污单位的污染防治、日常管理等环境保护工作。

该条款规定了建立环境安全责任制度的义务。如果发生环境事故，单位是否建立了环境保护责任制度，以及单位负责人和相关人员是否按照责任制度尽到监管义务，会直接影响单位负责人和相关人员受到处罚的轻重。

6. 安装使用监测设备

《环境保护法》第四十二条规定，重点排污单位应当按照国家有关规定和监测规范安装使用监测设备，保证监测设备正常运行，保存原始监测记录。

重点排污单位

重点排污单位应当包括国家监管的重点排污单位和地方监管的排污单位，具体名录由环境保护部和地方环保部门公布，设区的市级人民政府环保部门在每年3月底前确定本行政区域内重点排污单位名录。

安装使用监测设备并确保正常运行

安装监测设备，实施监测，一是为了让排污单位了解本单位的排污情况，发现问题及时解决，二是接受环境保护部门和公众的监督。

重点排污单位可以依托自有检测设备和人员自行开展监测，也可以委托其他监测机构进行检测。关于监测的内容和监测频次，《国家重点监控企业自行监测及信息公开办法（试行）》等相关规范性文件都有规定。

 《国家重点监控企业自行监测及信息公开办法（试行）》

重点排污单位应当保证监测设备正常运行，确保监测数据科学、准确，并保存原始记录、委托监测相关记录、自动检测设备运行维修记录。如果篡改、伪造监测数据，属于逃避监管排污。这种行为主观上故意采取不正当的方式逃避监管，主观恶意比较大，会受到严厉的处罚。

知识小窗
ZHISHI XIAOCHUANG

按照刑法理论，逃避监管排污属于"行为犯"，即只要是有这种行为，不管有无危害结果，均是违法的构成要件。公安机关将拘留直接负责的主管人员和直接负责人员，同时企业有可能被查封、扣押排污设施、设备，责令改正违法行为、罚款，还有可能受到按日连续处罚、责令采取限产、停产整治等处罚措施。

7. 缴纳排污费

排污费和环境保护税

排污费是排污者为其生产和消费活动产生的污染支付的环境成本。排污收费是实现污染的外部成本内部化，即污染防治的成本由排污者承担，通过征收排污费加强其环保意识。多年来，排污收费制度对环境保护工作发挥了重要作用，但同时也存在着弊端，严重制约其作用的发挥。比如征收效率低、征收标准低于污染成本、排污费使用不规范等。

环境保护税是由英国经济学家庇古最先提出的，他的观点已经为西方发达国家普遍接受。欧美各国的环保政策逐渐减少直接干预手段的运用，越来越多地采用生态税、绿色环保税等多种特指税种来维护生态环境，针对污水、废气、噪音和废弃物等突出的"显性污染"进行强制征税。

第三章 保护环境，人人有责

　　荷兰是较早征收环境保护税的国家，为环境保护设计的税收主要包括燃料税、噪音税、水污染税等，其税收政策已为不少发达国家研究和借鉴。欧美国家征收的环境保护税主要有：

　　1. 对排放污染所征收的税，包括对工业企业在生产过程中排放的废水、废气、废渣及汽车排放的尾气等行为课税，如二氧化碳税、水污染税、化学品税等。

　　2. 对高耗能、高耗材行为征收的税，如润滑油税、旧轮胎税、饮料容器税、电池税等。

　　3. 为减少自然资源开采、保护自然资源与生态资源而征收的税，如开采税、地下水税、森林税、土壤保护税等。

　　4. 对城市环境和居住环境造成污染的行为征税，如噪音税、拥挤税、垃圾税等。

　　5. 对农村或农业污染所征收的税，如超额粪便税、化肥税、农药税等。

　　6. 为防止核污染而开征的税，主要是铀税。

　　这些环境税收手段加强了环保工作的力度，取得了显著的社会效益和经济效益。

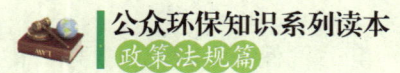

按照国家规定缴纳排污费和环境保护税

《环境保护法》第四十三条规定，排放污染物的企业事业单位和其他生产经营者，应当按照国家有关规定缴纳排污费。依照法律规定征收环境保护税的，不再征收排污费。

按照《排污费征收使用管理条例》规定，排污者未按照规定缴纳排污费的，由县级以上地方人民政府环境保护行政主管部门依据职权责令限期缴纳；逾期拒不缴纳的，处应缴纳排污费数额1倍以上3倍以下的罚款，并报经有批准权的人民政府批准，责令停产停业整顿。排污者以欺骗手段骗取批准减缴、免缴或者缓缴排污费的，由县级以上地方人民政府环境保护行政主管部门依据职权责令限期补缴应当缴纳的排污费，并处所骗取批准减缴、免缴或者缓缴排污费数额1倍以上3倍以下的罚款。

8. 按照排污许可证排污

什么是排污许可？

排污许可是主管机关根据企事业单位和其他生产经营者的申请，经依法审查，允许其按照许可证载明的种类、浓度、数量等要求排放污染物的管理制度。政府根据一定区域的排放污染物总量情况，有计划地向排污单位分配排放污染物种类和数量，以达到科学管理排放、控制污染的目的。

排污许可证，是指环保主管部门根据排污单位的申请，核发的准予其在生产经营过程中排放污染物的凭证；排污单位包括排放污染物的企业事业单位和其他生产经营者，分为重点排污单位与一般排污单位。

排污许可证的许可事项包括允许排污单位排放污染物的种类、浓度和总量，规定其排放方式、排放时间、排放去向，并载明对排污单位的环境管理要求。

《环境保护法》第四十五条规定，实行排污许可管理的企业事业单位和其他生产经营者应当按照排污许可证的要求排放污染物；未取得排污许可证的，不得排放污染物。

严格按照排污许可证排污

排污许可证的持有者，必须按照许可证核定的污染物种类、控制指标和规定的方式排放污染物。未取得排污许可证的排污者，不得排放污染物。

对未取得排污许可证排放污染物或者未按照排污许可证的规定排放污染物的行为，环保部门可以处以罚款、责令限期、停产整治。拒不改正的，环保部门可以申请当地政府

责令停产、关闭。如果造成或者可能造成严重污染，责令查封、扣押排污设施、设备。

知识小窗

新建项目的排污者申请领取排污许可证，应当具备下列条件：

1. 建设项目环境影响评价文件经环境保护行政主管部门批准或者重新审核同意；
2. 有经过环境保护行政主管部门验收合格的污染防治设施或措施；
3. 有维持污染防治设施正常运行的管理制度和技术能力；设施委托运行的，运行单位应取得环境污染治理设施运营资质证书；
4. 有应对突发环境事件的应急预案和设施、装备；
5. 排放污染物满足环保行政主管部门验收的要求；
6. 法律、法规规定的其他条件。

现有排污者申请领取排污许可证，应当具备下列条件：

1. 生产能力、工艺、设备、产品符合国家和地方现行产业政策要求；
2. 有符合国家和地方规定标准和要求的污染防治设施和污染物处理能力，设施委托运行的，运行单位应取得环境污染治理设施运营资质证书；
3. 按规定设置有规范化的排污口；

第三章 保护环境，人人有责

4. 按规定应当安装污染物排放自动监控仪器的排污者，已按照国家的标准、规范安装自动监控仪器；

5. 排放污染物符合环境功能区和所在区域污染物排放总量控制指标的要求；

6. 有环境保护管理制度和污染防治措施（包括应急措施）；

7. 有生产经营的合法资质；

8. 法律、法规规定的其他条件。

《排污许可证管理暂行规定》陕西省实施细则

9. 公开排污信息

如实公开排污信息，接受社会监督

《环境保护法》第五十五条规定，重点排污单位应当如实向社会公开其主要污染物的名称、排放方式、排放浓度和总量、超标排放情况，以及防治污染设施的建设和运行情况，接受社会监督。

《环境保护法》第六十二条规定，重点排污单位不公开或者不如实公开环境信息的，由县级以上地方人民政府环境保护主管部门责令公开，处以罚款，并予以公告。

《环境保护法》规定重点排污单位公开信息,增加重点排污企业排污行为的透明度和公开性,对违法排污行为有很好的遏制作用,也便于环境保护行政主管部门监管,有利于社会监督。

公开信息的主体是重点排污企业,重点排污单位必须公开环境信息,其他排污单位可以自愿公开环境信息。

重点排污单位应当包括国家监管的重点排污单位和地方监管的排污单位,具体名录由环境保护部和地方环保部门公布,设区的市级人民政府环保部门在每年3月底前确定本行政区域内重点排污单位名录。

重点排污单位应当公开哪些信息?

- 建设项目环境影响评价及其他环境保护行政许可情况。
- 防治污染设施的建设和运行情况。
- 突发环境事件应急预案。
- 其他应当公开的环境信息。
- 基础信息,包括单位名称、组织机构代码、法定代表人、生产地址、联系方式,以及生产经营和管理服务的主要内容、产品及规模。
- 排污信息,包括主要污染物及特征污染物的名称、排放方式、排放口数量和分布情况、排放浓度和总量、超标情况,以及执行的污染物排放标准、核定的排放总量。

 **公开环境信息的方式和时间**

重点排污单位应当通过其网站、企业事业单位环境信息公开平台或者当地报刊等便于公众知晓的方式公开环境信息，同时可以采取公告、公开发行的信息专

刊、广播、电视等新闻媒体、信息公开栏、电子屏幕等场所或者设施等便于公众及时、准确获得信息的方式予以公开。

重点排污单位应当在环境保护主管部门公布重点排污单位名录后90日内公开其环境信息；环境信息有新生成或者发生变更情形的，重点排污单位应当自环境信息生成或者变更之日起30日内予以公开。

10. 不得未批先建

 **什么是"未批先建"？**

编制有关开发利用规划，建设对环境有影响的项目，应当依法进行环境影响评价。未进行环境影响评价而擅自开工建设，就是未批先建。

未进行环境影响评价包括两种情形：未提交环评文件；提交了环评文件，未经批准。就是说，只要没有拿到环保部门的环评批准文件，不管企业提交环评文件与否，不管什么原因，都属于"未依法进行环境影响评价"的情形。

建设对环境有影响的项目，不得未批先建

《环境保护法》第六十一条规定，建设单位未依法提交建设项目环境影响评价文件或者环境影响评价文件未经批准，擅自开工建设的，由负有环境保护监督管理职责的部门责令停止建设，处以罚款，并可以责令恢复原状。

环境影响评价制度是环境保护前段监管的重要环节。《环境保护法》增加了"恢复原状"和"行政拘留"的责任方式，原来的"先上车再买票"、边报环评边建设等都行不通了。环保部门可以实施多种惩罚措施直至项目停止建设，对未批先建"零容忍"。拒不执行停止建设决定的，移送公安机关行政拘留。

11. 规范排污方式

逃避监管的三种违法排污方式

《环境保护法》第四十二条规定，严禁通过暗管、渗井、渗坑、灌注或者篡改、伪造监测数据，或者不正常运行防治污染设施等逃避监管的方式违法排放污染物。

第三章 保护环境，人人有责

第一种是通过暗管、渗井、渗坑、灌注等不经法定排放口排放污染物的方式违法排放污染物。企业为了逃避监管，私自通过渗井、渗坑和无防渗漏措施的沟渠、坑塘排放、输送或者储存污水，都属于这一类违法行为。

第二种是篡改、伪造监测数据。不管是采用破坏检测设备、监测系统，还是稀释污染物，只要是影响监测数据真实情况，都属于这类逃避监管的行为。

第三种是不正常运行防治污染设施。只要是污染物没有全部经过处理设施正常处理，都属于不正常运行防治污染设施的行为。

 规范排污方式，不得通过逃避监管的方式违法排污

《环境保护法》第六十三条规定，通过暗管、渗井、渗坑、灌注或者篡改、伪造监测数据，或者不正常运行防治污染设施等逃避监管的方式违法排放污染物的，移送公安机关对其直接负责的主管人员和其他直接责任人员处以行政拘留处罚。

由于通过逃避监管的方式排污，是主观上故意积极采取不正当的方式逃避监管。只要是有这种行为，不管有无危害结果，均构成违法排污行为。同时达到查封、扣押强制措施，责令改正违法行为，罚款、按日连续处罚，限制生产、停产整治或行政拘留的构成要件的，还有可能受到相应处罚，甚至承担刑事责任。

12. 农业污染防治

不得生产、使用国家明令禁止生产、使用的农药

《环境保护法》第六十三条规定，生产、使用国家明令禁止生产、使用的农药，被责令改正，拒不改正的，移送公安机关对其直接负责的主管人员和其他直接责任人员处以行政拘留处罚。

为确保农产品质量安全，农业部陆续公布了一批国家明令禁止使用的农药，包括六六六、滴滴涕、毒杀芬等几十种。生产、使用国家禁止生产、使用的农药，不仅破坏农村环境，还直接影响着农业安全和人体健康。

如果新项目生产、使用国家明令禁止生产、使用的农药，发展改革委不会发"路条"（路条是一种简便的通行凭证，是国家发改委办公厅同意开展该工程前期工作的批文）、不会通过核准，环境保护部门也不会批准环评。

不得将不符合标准的污染物施入农田

《环境保护法》第四十九条规定，禁止将不符合农用标准和环境保护标准的固体废物、废水施入农田。施用农药、化肥等农业投入品及进行灌溉，应当采取措施，防止重金属和其他有毒有害物质污染环境。

据统计，目前全国受污染的耕地约有1.5亿亩，污水灌溉污染耕地3250万亩，固体废弃物堆存占地和回填200万亩，合计约占耕地总面积的十分之一以上。由于污水灌溉、堆置固体废弃物，农村地区承受了大量工业污染转移，农村土壤的重金属污染已经延伸到了食品污染。

农业生产经营者应当严格按照化肥、农药、兽药、农用薄膜等化工产品的有关准则及标准进行使用和处置。目前，我国已经制定了多项有关农用标准和环保标准，如《农田灌溉水质标准》《土壤环境质量标准》《城镇垃圾农用控制标准》等，农业生产经营者要严格按照相关标准的要求科学种植、灌溉，防止污染环境。

13. 制定突发环境事件应急预案

 突发环境事件应急预案

企事业单位的环境应急预案包括综合环境应急预案、专项环境应急预案和现场处置预案。对环境风险种类较多、可能发生多种类型突发环境事件的，应编制综合环境应急预案；对某一类的环境风险，编制相应的专项环境应急预案；对危险性较大的重点岗位，编制重点工作岗位的现场处置预案。

环境应急预案应包括以下内容：本单位基本情况、周边环境状况、环境敏感点等；本单位的环境危险源情况分析；应急物资储备情况。

 企业事业单位应当制定突发环境事件应急预案

一旦发生突发环境事件，企业事业单位处在第一线，掌握第一手资料，其反应速度快慢，采取措施是否得当，直接影响突发环境事件

的涉及面和危害程度。所以，单位有义务及时、有效采取应急处置措施，控制事态。突发事件发生后，责任单位和责任人以及负有监管责任的单位应当能够判断可能引发的后果，及时通报可能受到危害的单位和居民，并向环境保护主管部门和有关部门报告。

《环境保护法》第四十七条规定，企业事业单位应当按照国家有关规定制定突发环境事件应急预案，报环境保护主管部门和有关部门备案。在发生或者可能发生突发环境事件时，企业事业单位应当立即采取措施处理，及时通报可能受到危害的单位和居民，并向环境保护主管部门和有关部门报告。

《企业事业单位突发环境事件应急预案备案管理办法（试行）》

14. 享受财政补贴

企业可以享受的政策性补贴主要有哪些？

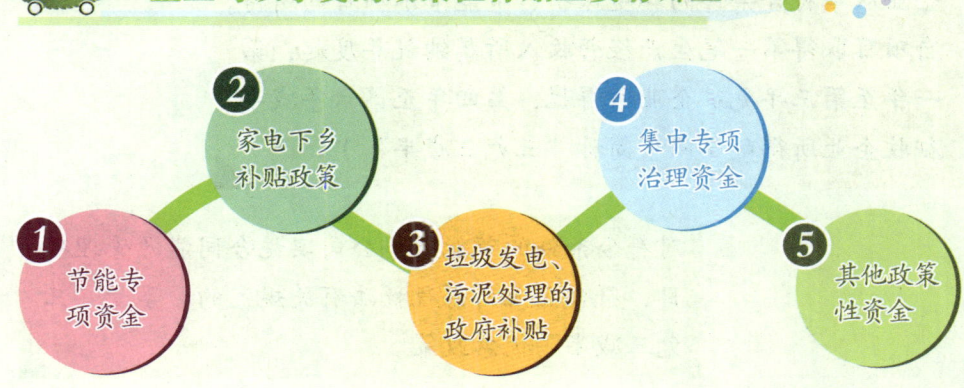

1. 节能专项资金
2. 家电下乡补贴政策
3. 垃圾发电、污泥处理的政府补贴
4. 集中专项治理资金
5. 其他政策性资金

《循环经济促进法》规定，国务院和省、自治区、直辖市政府设立发展循环经济的有关专项资金，支持循环经济的科技研发推广。例如，从2013年开始国务院设立大气污染治理专项资金，用于企业大气治理技术的研发、治理设备投入等。

15. 享受税收优惠

 **企业所得税优惠**

企业综合利用资源，生产符合国家产业政策规定的产品所取得的收入，可以在计算应纳税所得额时减按90%计入收入总额。

企业购置并实际使用节能环保专用设备的，该专用设备投资额的10%可以从企业当年的应纳税额中抵免；当年不足抵免的，可以在以后5个纳税年度结转抵免。

企业从事符合条件的环境保护、节能节水项目的所得，自项目取得第一笔生产经营收入所属纳税年度起，第一年至第三年免征企业所得税，第四年至第六年减半征收企业所得税（以下简称"三免三减半"）。

对符合条件的节能服务公司实施合同能源管理项目，符合企业所得税税法有关规定的，享受"三免三减半"优惠政策。

 **增值税免税、退税政策**

- 资源综合利用企业，可享受资源综合利用产品及劳务增值税退税、免税政策。
- 节能服务公司实施符合条件的合同能源管理项目，将项目中的增值税应税货物转让给用能企业，暂免征收增值税。
- 符合条件的节能服务公司实施合同能源管理项目中提供的应税服务免征增值税。

16. 享受政府采购的优先选择

《清洁生产促进法》规定，各级政府应当优先采购节能、节水、废物再生利用等有利环境与资源保护的产品。

政府采购工程项目应当严格执行环境标志产品政府优先采购制度。在确定工程总包单位时，采购人及其委托的采购代理机构应当明确落实环境标志产品政府采购政策要求。另外还有享有绿色信贷的优先权等。

《环境保护法》第二十三条规定，企业事业单位和其他生产经营者，为改善环境，依照有关规定转产、搬迁、关闭的，人民政府应当予以支持。

排污者按照政府要求，调整产业结构，关闭过剩产业，发展新型产业，淘汰落后生产工艺、技术、设备，可以得到政府的政策、资金等支持。

17. 陈述、申辩

什么是陈述、申辩权？

陈述、申辩权是指在行政主体（环境保护部门、公安部门、政府等环境执法主体）作出处罚之前，行政相对人（包括排污者、直接负责的主管人员和其他直接责任人员）有权提出自己的意见和看法，提出自己掌握的事实、证据，并对执法主体的指控进行解释、辩解，反驳对自己不利的意见和证据，坚持对自己有利的意见和证据的一种权利。

行使陈述、申辩权的注意事项

- 陈述、申辩权利须在行政主体作出处罚前行使。
- 陈述、申辩权适用范围包括所有行政处罚。

18. 申请听证

什么是听证？

听证是行政主体在作出影响行政相对人合法权益的决定前，由行政主体告知决定理由和听证权利，行政相对人随之向行政主体表达意见、提供证据，以及行政主体听取其意见、接纳其证据的程序所构成的一种法律制度。

听证的程序是在行政主体作出处罚前。通过听证，使行政处罚程序公开、透明，有效保障行政管理相对人合法权益，监督行政主体必须公正执法。

第三章 保护环境，人人有责

 **听证适用的范围**

根据《环境行政处罚听证程序规定》，环境保护主管部门在作出以下行政处罚决定之前，应当告知当事人有申请听证的权利；当事人申请听证的，环境保护主管部门应当组织听证：

① 拟对法人、其他组织处以人民币5万元以上或者对公民处以人民币5000元以上罚款的。

② 拟对法人、其他组织处以人民币（或者等值物品价值）5万元以上或者对公民处以人民币（或者等值物品价值）5000元以上的没收违法所得或者没收非法财物的。

③ 拟处以暂扣、吊销许可证或者其他具有许可性质的证件的。

④ 拟责令停产、停业、关闭的。

19. 申请行政复议

 **什么是环境行政复议？**

环境行政复议，是指行政相对人认为环保行政主体的具体行政行为侵犯其合法权益，按照法定程序和条件向作出具体行政行为的机关

的上级机关提出申请，由有管辖权的环保行政主体对有争议的具体行政行为进行审查，并作出决定的行政活动。

通过向上一级行政机关提出复议申请，让其监督下级机关的行政行为。实际上是通过行政机关内部监督，维护行政相对人及环境被管理者的合法权益。

 哪些情形可以申请环境行政复议？

对环境保护行政主管部门作出的查封、扣押财产等行政强制措施不服的。

对环境保护行政主管部门作出的警告、罚款、责令停止生产或者使用、暂扣、吊销许可证、没收违法所得等行政处罚决定不服的。

认为符合法定条件，申请环境保护行政主管部门颁发许可证、资质证、资格证等证书，或者申请审批、登记等有关事项，环境保护行政主管部门没有依法办理的。

对环境保护行政主管部门有关许可证、资质证、资格证等证书的变更、中止、撤销、注销决定不服的。

认为环境保护行政主管部门违法征收排污费或者违法要求履行其他义务的。

认为环境保护行政主管部门的其他具体行政行为侵犯其合法权益的。

另外，根据相关规定，企业对于环保部门作出的责令限产、停产整治措施不服的，可以申请行政复议；对公安机关作出的行政拘留处罚也可以申请行政复议。

 **环境行政复议注意事项**

对环保部门作出的行政命令（责令改正违法行为、责令停止建设、责令恢复原状等）不服，不能申请行政复议。

申请行政复议的期限为60日，即在企业收到行政处罚决定书和强制措施决定书之日起60日内，针对其他行政行为，从企业知道作出具体行政行为或应该知道权利受到侵害时起60日内。

20. 提起行政诉讼

 **什么是环境行政诉讼？**

环境行政诉讼是指行政相对人认为环保行政主体的具体行政行为侵犯其合法权益，而依法向人民法院提起诉讼的活动。

行政复议是通过行政机关体系内部的上级机关对下级机关的监督，行政诉讼是通过法院监督环保管理部门的具体行为，从而实现企业维护自己合法权益的目的。

 **环境行政诉讼的受案范围**

1. 对环境行政机关作出的罚款、吊销许可证和营业执照、责令限期治理、没收财物等行政处罚行为不服的。

2. 对限制人身自由或对财产的查封、扣押、冻结等行政强制措施不服的。

3. 认为环境行政机关无理拒不发放有关执照、许可证或对于其申请拒绝给予答复的。

4. 认为环境行政机关违法要求其履行义务的。

5. 认为环境行政机关的行为侵犯法律、法规规定的经营自主权的。

6. 申请环境行政机关履行保护环境、防治污染和其他公害，保护环境行政相对人的人身权、财产权的法定职责，环境行政机关拒绝履行或不给予答复的。

7. 法律、法规规定的其他行政行为。

 环境行政诉讼的注意事项

- 对人民政府和环保部门作出的具有普遍约束力的决定、命令不服的，不能提起诉讼。
- 对构成刑事犯罪的案件，不能提起行政诉讼。
- 对行政命令也不能提起行政诉讼。
- 对具体行政行为不服的诉讼期限是6个月，从知道作出具体行政行为之日起算。对复议决定不服的诉讼时限是15天，从收到复议决定书之日起计算，复议机关逾期不作出决定的，在复议期满之日起15日内提起诉讼。

第三章 保护环境，人人有责

三、公民的环境保护责任和义务

1. 增强环境保护意识

 **低碳生活方式**

"低碳生活"是一种低能量、低消耗的生活方式，就是指生活中要减少能量消耗，特别是二氧化碳的排放量，从而减少对大气的污染，减缓生态恶化。主要是从节电、节气和回收三个环节来改变生活细节。

 **生活废弃物分类放置**

垃圾分类，指按一定规定或标准将垃圾分类储存、分类投放和分类搬运，从而转变成公共资源的一系列活动的总称。分类的目的是提高垃圾的资源价值和经济价值，力争物尽其用。

可回收垃圾

废纸、玻璃、金属和布料等

不可回收垃圾

餐厨垃圾等

有毒有害垃圾

废电池、过期药品等

绿色消费

绿色消费有三层含义：一是倡导消费时选择未被污染或有助于公众健康的绿色产品。二是倡导消费者转变消费观念，崇尚自然、追求健康，在追求生活舒适的同时，注重环保，节约资源和能源，实现可持续消费。三是在消费过程中注重对垃圾的处置，不造成环境污染。

2. 公民的环境权利和环境义务

公民的环境权利

- 参与环境保护。
- 获取环境信息。
- 监督环境保护。
- 举报违法行为。

公民的环境义务

- 遵守环境保护法律法规。
- 配合实施环境保护措施。
- 按照规定对生活废弃物进行分类放置。
- 减少日常生活对环境造成的损害。

第四章
环境污染案例

　　环境保护关系到人们生活的方方面面，是社会发展与进步的主要动力。环境污染事故造成的损失、危害和影响触目惊心，并呈增长之势，引起社会高度关注，造成恶劣影响。环保案例是活生生的法律，也是行动中的法律。通过典型案例对有关法律法规内容进行评析，领悟法律知识的内涵，对学习与普及环保政策法规有很好的作用。

公众环保知识系列读本
政策法规篇

一、大气污染防治

视角 1 "雾都劫难"

——1952年伦敦烟雾事件

案 例

1952年12月4日至9日,伦敦上空受高压系统控制,大量工厂生产和居民燃煤取暖排出的废气难以扩散,积聚在城市上空。伦敦城被黑暗的迷雾所笼罩,马路上几乎没有车,人们都是沿着人行道摸索前进。大街上的灯在烟雾中若明若暗,犹如黑暗中的点点星光。

伦敦空气中的污染物浓度持续上升,许多人出现胸闷、窒息等不适感,发病率和死亡率急剧增加。在大雾持续的5天时间里,据英国官方的统计,丧生者达5000多人,在大雾过去之后的两个月内有8000多人相继死亡。此次事件被称为"伦敦烟雾事件",成为20世纪十大环境公害事件之一。

事件影响

伦敦"铁腕"治雾

1952年伦敦烟雾事件发生后,英国人开始反思空气污染造成的苦果。此后,英国政府制定了一系列的法规措施整治环境。1956年,英国政府颁布了《清洁空气法案》,大规模改造城市居民的传统炉灶,减少煤炭用量;发电厂和重工业被迁到郊区。1968年以后,英国又出台了一系列的空气污染防控法案,这些法案针对各种废气排放进行了严格约束。经过60多年的治理,伦敦终于摘掉了"雾都"的帽子,城市上空重现蓝天白云。

"雾都劫难"——1952年伦敦烟雾事件

视角 2 首张按日计罚罚单

案例

山东临沂某热电有限公司是一家国有企业，负责山东省兰陵县县城冬季供暖。2015年1月5日，临沂市环境监测站对该公司外排废气现场监测，发现二氧化硫、氮氧化物超标，给予立案处罚。1月9日，临沂市环保局又向该公司送达责令改正违法行为决定书，责令立即停止大气污染物超标排放违法行为，并作出处罚决定。1月19日，临沂市环境监察支队会同该市环境监测站对其进行复查，经监测，外排废气二氧化硫超出国家最高排放标准200毫克/升的9倍。

对于该热电厂的违法行为，临沂市环保局决定实施按日计罚，即从1月10日至19日共计10日，每日罚款数额为10万元，按日连续处罚共计罚款100万元。这是新《环境保护法》实施以来，全国首张"按日计罚"罚单。

第四章 环境污染案例

案例分析

按日连续计罚是2015年1月1日开始施行的新《环境保护法》赋予环保部门的新权力，成为监管那些拒不改正的污染企业的一记重拳，这一规定扭转了以往"违法成本低，守法成本高，企业屡罚不改"的状况。

处罚的情形不是违法排污，而是拒不改正。根据新《环境保护法》的规定，按日连续计罚需要有前置条件。首先企业有违法行为，其次受到罚款处罚，第三是被责令改正，第四是收到责令改正书后仍拒不改正。符合这四条才按日计罚，并且是从责令改正决定书送达次日开始计算。

法律讲堂

中华人民共和国环境保护法

第五十九条　企业事业单位和其他生产经营者违法排放污染物，受到罚款处罚，被责令改正，拒不改正的，依法作出处罚决定的行政机关可以自责令改正之日的次日起，按照原处罚数额按日连续处罚。

视角 3　超标排污要受罚

案例

在2015年一季度国控污染源监测中,哈尔滨市环境保护局发现,某制药厂污染物排放浓度烟尘超过国家规定标准2倍,二氧化硫超标0.4倍,氮氧化物超标0.9倍。哈尔滨市环境保护局责令其限制生产以保证污染物达标排放,并对其违法行为处以5万元罚款。

第四章 环境污染案例

案例分析

这是一起典型的大气污染物超标排放案。该制药厂因违反《环境保护法》《大气污染防治法》等有关规定被处以5万元罚款，并且在2015年5月5日至6月4日期间，该厂被环保部门要求限制生产以保证污染物达标排放。

法律讲堂

中华人民共和国环境保护法

第六十条　企业事业单位和其他生产经营者超过污染物排放标准或者超过重点污染物排放总量控制指标排放污染物的，县级以上人民政府环境保护主管部门可以责令其采取限制生产、停产整治等措施；情节严重的，报经有批准权的人民政府批准，责令停业、关闭。

视角 4 小空间，大问题

案例

卢先生购买了一辆新车，一段时间之后，他发觉车内气味刺鼻，便将新车送去检测。中国室内装饰协会室内环境监测中心根据国家关于装饰工程中的相关规定进行检测，结果发现车内甲醛超出国家规定标准26倍。卢先生将该经销商告到法院。法院参照《大气污染防治法》《室内空气质量标准》相关规定，判定经销商全额退还购车款，并赔偿消费者3万元损失费。

第四章 环境污染案例

案例分析

近年来,车内空气质量问题逐渐成为消费者关注和投诉的热点问题。2012年3月1日,由国家标准委和国家环保部共同发布的《乘用车车内空气质量评价指南》正式实施。该国家标准对乘用车车内常见的有害物质如苯、甲苯、二甲苯、苯乙烯、乙烯、乙烯醛等提出了控制要求。在本案中,消费者针对车内污染投诉,采用法律手段维护自己的正当权益。车企要承担起更重要的社会责任,提高车内工艺,采用更加绿色环保的内饰材料,尽可能减少车内污染,降低对消费者人身健康的危害。

法律讲堂

中华人民共和国大气污染防治法

第一百一十条 违反本法规定,销售的机动车、非道路移动机械不符合污染物排放标准的,销售者应当负责修理、更换、退货;给购买者造成损失的,销售者应当赔偿损失。

视角 5 聚焦扬尘污染

案例

2015年12月30日，天津市武清区环保局环境执法人员对天津某公司进行执法检查。现场检查时发现，主要经营煤储存业务的该公司，其位于杨村1号道东货场内的煤堆未设置严密围挡或防风抑尘网，路面未采取喷淋等措施，装卸和道路运输过程中产生扬尘排放。

2016年1月18日，武清区环保局对该单位下达行政处罚决定书，责令该单位限期改正违法行为，罚款2万元。

第四章 环境污染案例

案例分析

这是一起未实施扬尘污染防治措施造成扬尘污染案。依据《大气污染防治法》等相关法律法规，存放煤炭、煤矸石、煤渣、煤灰等易产生扬尘的散体物料时，未采取密闭贮存、设置围挡或者防风抑尘网等有效措施防止扬尘，装卸物料未采取密闭或者喷淋等方式的，由环境保护行政主管部门依法进行处罚。

法律讲堂

天津市大气污染防治条例

第六十四条 煤炭、煤矸石、煤渣、煤灰、矿粉、砂石、灰土等易产生扬尘的散体物料堆场，应当密闭贮存；不能密闭的，应当按照规定设置严密围挡或者防风抑尘网，并采取有效覆盖措施防止扬尘。装卸物料应当采取密闭或者喷淋等方式控制扬尘排放。

第八十九条 存放煤炭、煤矸石、煤渣、煤灰、矿粉、砂石、灰土等易产生扬尘的散体物料堆场，未采取密闭贮存、设置围挡或者防风抑尘网等有效措施防止扬尘的，或者装卸物料未采取密闭或者喷淋等方式的，由环境保护行政主管部门处一万元以上十万元以下罚款。

视角 6 关注煤化能源污染

案例

陕西某公司为焦煤化工、煤层气开发利用、醇醚燃料生产等股份制公司，重点建设年产100万吨煤基二甲醚项目。经调查，这一二甲醚化工项目存在多个环境违法行为：其中包括自2014年11月以来，该企业在未依法取得试生产批复的情况下，擅自开工生产；没有取得排污许可证，向大气排放污染物。

环保部门根据《陕西省大气污染防治条例》对该企业下达了20万元的行政处罚决定，要求其立即停产整治、补办排污许可证。但是该企业拒不改正问题，咸阳市环保局依据《环境保护法》，对该企业相关违法行为进行以两项违法合计20万元为基数的按日连续计罚，共计1580万元，同时要求该企业停产整改。

第四章 环境污染案例

案例分析

在该案例中，该企业接连两次无视环保处罚决定，依然恶意排污且拒不整改，根据《环境保护法》，环保部门启动了"按日计罚"程序，从2015年1月8日首次下达处罚决定书，到3月27日第三次检查仍旧未整改，其间整整79天，原先20万元的罚款变成了1580万元。以执法逼转型，以守法促升级。在"罚无上限"的压力下，企业应主动加大环保投入，加快对环境违法问题的整改进度。

法律讲堂

中华人民共和国环境保护法

第五十九条 企业事业单位和其他生产经营者违法排放污染物，受到罚款处罚，被责令改正，拒不改正的，依法作出处罚决定的行政机关可以自责令改正之日的次日起，按照原处罚数额按日连续处罚。

中华人民共和国大气污染防治法

第九十九条 未依法取得排污许可证排放大气污染物的，由县级以上人民政府环境保护主管部门责令改正或者限制生产、停产整治，并处十万元以上一百万元以下的罚款。

公众环保知识系列读本
政策法规篇

二、水污染防治

视角1 1956年日本水俣病事件

案 例

1956年，日本熊本县水俣湾附近发现了一种奇怪的病。这种病症最初出现在猫身上，病猫步态不稳，抽搐、麻痹，甚至跳海死去。随后不久，此地也发现了患这种病症的人。患者由于脑中枢神经和末梢神经被侵害，轻者口齿不清、步履蹒跚、面部痴呆、手足麻痹、感觉障碍、手足变形，重者神经失常，或酣睡，或兴奋，身体弯弓高叫，直至死亡。

这种"怪病"就是日后轰动世界的"水俣病"，是最早出现的由于工业废水排放污染造成的公害病。"水俣病"的罪魁祸首是当时处于世界化工业尖端技术的氮（N）生产企业。这类企业的肆意发展给当地居民及其生存环境带来了无尽的灾难。

事件影响

四大公害诉讼推动日本环境立法

20世纪60年代,日本工业飞速发展,但由于当时没有相应的环境保护和公害治理措施,致使工业污染和各种公害病随之泛滥成灾,出现了轰动一时的日本四大公害诉讼——新潟水俣病事件、四日市哮喘病事件、富山痛痛病事件、熊本水俣病事件。诉讼均是原告方(受害方)胜诉。

四大公害事件的胜诉,全面推动了日本的司法改革和立法改革。随着四大公害真相的不断披露、诉讼的备受关注,日本民众的环保意识日渐觉醒。在这个漫长的诉讼过程中,日本政府态度的转变,对四大公害事件的解决,也起到重要的作用。1968年日本政府通过了《公害基本法》,把大气、水源、噪音、震动、地震、恶臭确立为公害。

日本重金属污染事件启示录

视角 2 工业水污染防治

案例

2012年4月,山东临沂某公司明知阿散酸产生的废水含有毒物质,却非法生产阿散酸。在生产过程中,该公司将产生的大量含砷有毒废水排放在一处蓄意隐藏的污水池(池底作防渗处理)存放。2012年7月20日、23日深夜,公司负责人于某为了节省处理污水费用,趁当地降雨、附近一河流水量增加之际,指使生产厂长许某、员工于某,用水泵将含砷量超标2.7254万倍的生产废水排放到南涑河中,致使南涑河严重污染。2012年9月1日,山东省临沂市检察院对造成临沂南涑河砷化物超标严重水污染事件的责任人于某三人提起公诉。

案例分析

于某等人明知阿散酸产生的废水含有毒物质,仍然将生产废水直接排入河中,并且造成了严重后果,构成投放危险物质罪。法院判处该公司负责人于某有期徒刑11年,以犯有非法经营罪判处于某有期徒刑5年,数罪并罚,决定执行有期徒刑15年,罚金50万元人民币;生产厂长许某、员工于某则分别被

第四章 环境污染案例

以犯有投放危险物质罪判处有期徒刑6年、5年。同时,法院支持了检察机关提起的刑事附带民事诉讼请求,判决三被告共同赔偿国家经济损失3714万元人民币。

非法排污危害极大,不仅影响地表水,更影响地下水,破坏当地生态,危及我们赖以生存的空间与家园,因此,不能为获取不法经济利益,不惜以污染环境为代价,应杜绝不正常运行废水处理设施非法排污。

法律讲堂

中华人民共和国刑法

第一百一十四条　放火、决水、爆炸以及投放毒害性、放射性、传染病病原体等物质或者以其他危险方法危害公共安全,尚未造成严重后果的,处三年以上十年以下有期徒刑。

中华人民共和国水污染防治法

第七十四条　违反本法规定,排放水污染物超过国家或者地方规定的水污染物排放标准,或者超过重点水污染物排放总量控制指标的,由县级以上人民政府环境保护主管部门按照权限责令限期治理,处应缴纳排污费数额二倍以上五倍以下的罚款。

公众环保知识系列读本
政策法规篇

视角 3 农业水污染防治

案 例

2015年12月，湖南省临湘市环保局经现场调查，发现某新农村合作社在未进行环境影响评价、自建的污染防治配套设施未经环保部门验收合格的情况下直接进行养殖生产，导致废渣、废水直接排放，且未取得污染许可证，违反了相关规定。为此，环保部门送达违法排放限期改正通知书、行政处罚听证告知书后，做出责令该合作社立即停止生产，并处罚款5万元的处罚决定。

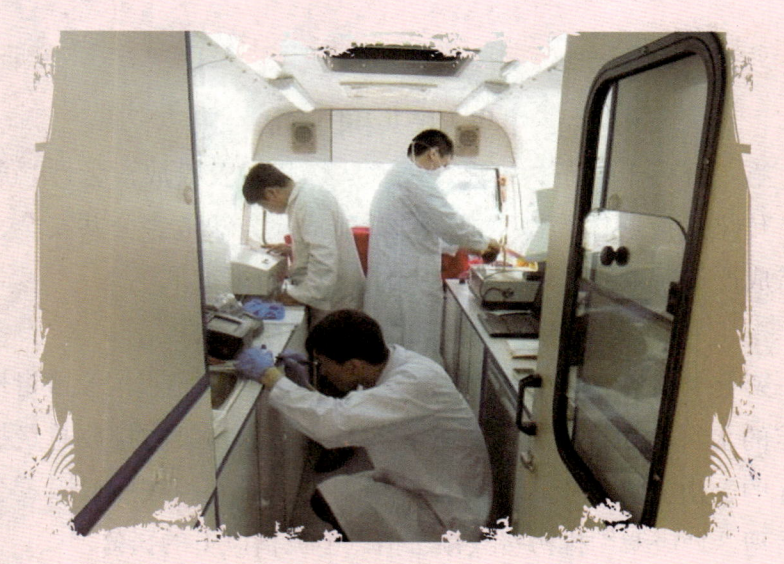

案例分析

本案是农业养殖造成环境污染的典型案例。农业养殖在带动农村经济发展同时，也可能导致群众居住环境恶化，近年来因养殖污染引发的水源、土壤、空气污染等问题不容忽视。2016年中央1号文件明确要求加快农业环境突出问题治理，加大污染防治力度。《畜禽规模养殖污染防治条例》明确要求对畜禽养殖场排放的废渣、清洗畜禽体和饲养场地、器具产生的污水及恶臭等要实行污染防治，新建、改建和扩建畜禽养殖场必须依法进行环境影响评价，办理相关审批手续。本案中，该新农村合作社明显违反上述规定，造成环境污染，应当受到处罚。

法律讲堂

中华人民共和国环境保护法

第四十五条　国家依照法律规定实行排污许可管理制度。实行排污许可管理的企业事业单位和其他生产经营者应当按照排污许可证的要求排放污染物；未取得排污许可证的，不得排放污染物。

建设项目环境保护管理条例

第二十八条　违反本条例规定，建设项目需要配套建设的环境保护设施未建成、未经验收或者经验收不合格，主体工程正式投入生产或者使用的，由审批该建设项目环境影响报告书、环境影响报告表或者环境影响登记表的环境保护行政主管部门责令停止生产或者使用，可以处10万元以下的罚款。

视角 4 废液泄露污染环境

案 例

2013年4月，云南东川峡谷一条小江河水，因一些选矿企业偷排污水，导致小江河水一度呈乳白色，媒体报道昆明东川区"牛奶河"污染问题后，昆明市公安机关对涉嫌污染环境的三家企业立案侦查。经查，涉案企业通过私设暗管，将生产精铜矿过程中产生的含硫化钠、砷、铅、锌、铜等有毒物质的尾矿水，尾矿砂等直接排向小江，造成水体及流域土壤的严重污染，小江河水变白并流入下游的金沙江，周边近百亩土地板结。三被告单位的行为符合司法解释中"严重污染环境"的情形，构成污染环境罪。涉案三家企业的法定代表人及相关责任人等8人，被依法逮捕。

案例分析

本案中,三家企业将生产精铜过程中的部分含有硫化物、氨氮、总磷、总砷等有毒有害物质的生产废水未经处理即排入外环境,最终流入小江,致小江江水受到污染。根据《中华人民共和国刑法》第三百三十八条规定,三家单位的行为符合司法解释中"严重污染环境"的情形,构成污染环境罪。

法律讲堂

中华人民共和国刑法

第三百三十八条　违反国家规定,排放、倾倒或者处置有放射性的废物、含传染病病原体的废物、有毒物质或者其他有害物质,严重污染环境的,处三年以下有期徒刑或者拘役,并处或者单处罚金;后果特别严重的,处三年以上七年以下有期徒刑,并处罚金。

中华人民共和国水污染防治法

第七十五条　违反法律、行政法规和国务院环境保护主管部门的规定设置排污口或者私设暗管的,由县级以上地方人民政府环境保护主管部门责令限期拆除,处二万元以上十万元以下的罚款;逾期不拆除的,强制拆除,所需费用由违法者承担,处十万元以上五十万元以下的罚款;私设暗管或者有其他严重情节的,县级以上地方人民政府环境保护主管部门可以提请县级以上地方人民政府责令停产整顿。

视角 5 违法排放废水

案例

2015年11月9日，环保局执法人员对一散热器厂进行了现场检查，发现该单位前期处理工艺产生的废水通过厂区无防渗措施的洼地漫流至厂区北侧沟渠，经监测，废水的pH值为4.64，显酸性。环保局对该单位下达了责令改正违法行为决定书，责令其立即停止违法行为。鉴于该单位有可能严重污染环境，依据《中华人民共和国环境保护法》相关规定，环保局对该单位下达了查封扣押决定书，对该单位散热器前期表面处理工艺使用的生产设施实施查封。同时，依据《中华人民共和国水污染防治法》对该单位下达了行政处罚决定书，罚款2万元。

新《环境保护法》规定：违法排污造成或可能造成严重污染的，环保部门可以查封、扣押造成污染的排放设施、设备。

第四章 环境污染案例

案例分析

　　《环境保护法》授权环保部门对六类环境违法情形可以查封、扣押；对重点污染物超总量排放和特定情形下的超标排污单位可以责令限制生产，甚至停产整治；在该案例中，企业的行为违反了《水污染防治法》的相关规定，环保局对该企业下达了责令改正违法行为决定书，责令其立即停止违法行为。鉴于该单位严重污染环境，依据《环境保护法》第二十五条规定，对该单位下达了查封扣押决定书，对该单位散热器前期表面处理工艺使用的生产设施实施查封。

法律讲堂

中华人民共和国环境保护法

　　第二十五条　企业事业单位和其他生产经营者违反法律法规规定排放污染物，造成或者可能造成严重污染的，县级以上人民政府环境保护主管部门和其他负有环境保护监督管理职责的部门，可以查封、扣押造成污染物排放的设施、设备。

中华人民共和国水污染防治法

　　第三十六条　禁止利用无防渗漏措施的沟渠、坑塘等输送或者存贮含有毒污染物的废水、含病原体的污水和其他废弃物。

视角 6 饮用水安全事件

案 例

上海某混凝土有限公司住所地和实际生产经营地被划入上海市黄浦区上游饮用水水源二级保护区。2015年2月，上海市奉贤区人民政府以该公司在饮用水水源二级保护区内从事混凝土制品制造、生产过程中排放粉尘、噪声等污染物为由，根据《中华人民共和国水污染防治法》规定，作出责令该公司关闭的决定。该公司不服诉至法院，要求撤销上述决定。

上海市第一中级人民法院一审认为，原告公司从事的利用混凝土搅拌站生产、加工、销售混凝土的建设项目具有排放废气等污染物的特征，属于《水污染防治法》第五十九条规定的在二级饮用水水源保护区已建成排放污染物建设项目，被告区政府责令其关闭，事实认定清楚，适用法律正确，遂判决驳回原告诉讼请求。原告公司上诉后，上海市高级人民法院二审认为，该公司从事的混凝土生产客观上存在粉尘排放，按照常理具有对水体产生影响的可能性，现有证据不能证明该粉尘排放确实没有对水体产生影响，区政府责令其关闭，于法有据，故判决驳回上诉、维持原判。

第四章 环境污染案例

 案例分析

　　本案是涉及饮用水水源保护的典型案例。饮用水安全与人民群众健康息息相关。近年来，饮用水水源安全问题倍受社会关注，《水污染防治法》明确了国家建立饮用水水源保护区制度。"十三五"规划中明确要求推进多污染物综合防治和环境治理，实行联防联控和流域共治，深入实施大气、水、土壤污染防治行动计划。本案中，虽然涉案区域被划为二级水源保护区系在该公司成立之后4年，但是该公司继续生产排放粉尘等污染物可能会对水体产生影响，故人民法院依法支持了区政府作出的责令关闭行政决定，有利于保护人民群众饮水安全。当然，政府其后对因环保搬迁的企业应当依法给予合理补偿。

法律讲堂

中华人民共和国水污染防治法

　　第五十九条　禁止在饮用水水源二级保护区内新建、改建、扩建排放污染物的建设项目；已建成的排放污染物的建设项目，由县级以上人民政府责令拆除或者关闭。

　　在饮用水水源二级保护区内从事网箱养殖、旅游等活动的，应当按照规定采取措施，防止污染饮用水水体。

 人民法院环境保护行政案件十大案例

117

三、固体废物污染防治

视角 1 美国拉夫运河事件

案例

拉夫运河位于美国加利福尼亚州，是一个世纪前为修建水电站挖成的一条运河，20世纪40年代就已干涸而被废弃不用了。1942年，美国一家电化学公司购买了这条大约1000米长的废弃运河，当作垃圾仓库来倾倒工业废弃物，持续了11年，1953年，这条已被各种有毒废弃物填满的运河被公司填埋覆盖好后转赠给了当地的教育机构。此后，纽约市政府在这片土地上陆续开发了房地产，盖起了大量的住宅和一所学校。厄运从此降临在居住在这些建筑于昔日运河之上的建筑物中的人们身上。

从1977年开始，这里的居民不断发生各种怪病，孕妇流产，儿童夭折，婴儿畸形，癫痫、直肠出血等病症也频频发生。1987年，这里的地面开始渗出一种黑色液体，引起了人们的恐慌。这件事激起了当地居民的愤慨，当时的美国总统卡特宣布封闭当地住宅，关闭学校，并将居民撤离。事出之后，当地居民纷纷起诉，但因当时尚无相应的法律规定，该公司又在多年前就已将运河转让，诉讼失败。直到20世纪80年代，环境对策补偿责任法在美国议院通过后，这一事件才被盖棺定论，以前的电化学公司和纽约政府被认定为加害方，共赔偿受害居民经济损失和健康损失费达30亿美元。

事件影响

拉夫运河事件是人类历史上最典型的固体填埋污染事件，它催生了具有划时代意义的《综合环境反应、赔偿和责任法》(又名《超级基金法》)，该法案最重要的条款之一，就是针对责任方建立"严格、连带和具有追溯力"的法律责任，不论潜在责任方是否实际参与或造成了场地污染，也不管污染行为发生时是否合法，潜在责任方都必须为污染负责。

自《综合环境反应、赔偿和责任法》出台以来，美国列在国家优先目录上的364块"毒地"得到治理，有关环境赔偿法规和对已搬迁污染企业"秋后算账"的措施，大大促进了企业对环保的重视。

拉夫运河事件

视角 2　违法倾倒危险废物

案例

12岁学生郝某在一垃圾坑里捡到一些针剂瓶，并将瓶内的液体集中灌装在空矿泉水瓶里，当天，杨某及其堂妹来找郝某玩耍，郝某取出矿泉水瓶，并将少许液体倒在地上用火柴点燃，三人蹲在火旁观看。当郝某再一次将液体向火上倾倒时，火焰突然升高袭向杨某，致使杨某头、面、颈部及前胸15%二至三度烧伤。杨某的父母将制药厂起诉到法院，法院查明，该制药厂将危险废物交给未持有危险废物运输许可证的当地农民吴某运输。并未给吴某指定危险废物倾倒地点，吴某将废物随意倾倒在事发地生活垃圾坑内，法院认为该行为属于违法倾倒危险品，致使孩子受伤，制药厂应承担侵权责任。

第四章 环境污染案例

案例分析

本案中，制药厂对危险废物处理不当。首先，生产废物与生活垃圾应该分开处理。其次，吴某未持有危险废物运输许可证，也未接受专业培训，且制药厂并未给吴某指定废物倾倒地点，导致吴某将危险废物倾倒在事发地生活垃圾坑内。制药厂的行为严重违反了我国《固体废物污染环境防治法》的相关规定，因此应对制药厂进行处罚。

法律讲堂

固体废物污染环境防治法

第八十四条 受到固体废物污染损害的单位和个人，有权要求依法赔偿损失。

赔偿责任和赔偿金额的纠纷，可以根据当事人的请求，由环境保护行政主管部门或者其他固体废物污染环境防治工作的监督管理部门调解处理；调解不成的，当事人可以向人民法院提起诉讼。当事人也可以直接向人民法院提起诉讼。

视角 3 无证处理危险废物要受罚

案 例

2014年7月29日，绍兴市环境监察支队和绍兴市公安局袍江分局执法人员联合执法时，在袍江斗门镇盐仓溇的牛头山一家废塑料加工场所查获汤某等人违法处置的医疗废物合计4.4吨。进一步调查发现，系杭州某公司在未取得危险废物经营许可证的情况下，擅自从事医疗废物的收集利用活动，并从中获利。绍兴市环保局责令其停止违法行为，并处罚款8万元。收购医疗废品的汤某和负责运输的刘某等人的行为构成环境污染罪，人民法院作出一审判决，汤某和刘某分别被判有期徒刑8个月和6个月。

案例分析

危险废物不但严重威胁人体健康，也会对人类赖以生存的生态环境造成巨大破坏，必须依法进行申报和处理。在本案例中，某公司没有取得危险废物经营许可证，汤某和刘某未持有危险废物运输许可证，违反了《固体废物污染环境防治法》的规定，环保局和法院依据相关法律作出了处罚。

所以任何单位和个人不得随意倾倒、堆放、丢弃、遗撒固体废物。危险废物产生单位不能擅自利用、处置本单位产生的危险废物。从事收集、贮存、利用、处置危险废物的经营单位，应当依法申领危险废物经营许可证，并向发证机关提交年度经营情况报告。

法律讲堂

固体废物污染环境防治法

第五十七条 从事收集、贮存、处置危险废物经营活动的单位，必须向县级以上人民政府环境保护行政主管部门申请领取经营许可证；从事利用危险废物经营活动的单位，必须向国务院环境保护行政主管部门或者省、自治区、直辖市人民政府环境保护行政主管部门申请领取经营许可证。具体管理办法由国务院规定。

禁止无经营许可证或者不按照经营许可证规定从事危险废物收集、贮存、利用、处置的经营活动。

禁止将危险废物提供或者委托给无经营许可证的单位从事收集、贮存、利用、处置的经营活动。

四、噪音污染防治

视角 1 世界噪音公害事件

案 例

1981年,在美国举行的一次现代派露天音乐会上,当震耳欲聋的音乐声响起后,有300多名听众突然失去知觉,昏迷不醒,100辆救护车到达现场抢救。这就是骇人听闻的噪音污染事件。

噪音被公认为严重的公害污染,有关噪音污染事件也屡有报道。1960年11月,日本广岛市的一男子被附近工厂发出的噪音折磨得烦恼万分,以致最后刺杀了工厂主。无独有偶,1961年7月,一名日本青年来到东京找工作,由于住在铁路附近,日夜被频繁过往的客货车的噪音折磨,患了失眠症,不堪忍受痛苦,终于自杀身亡……

噪音被称为"无形的暴力",是大城市的一大隐患。有人曾做过实验,把一只豚鼠放在173分贝的强声环境中,几分钟后就死了,解剖后的豚鼠肺和内脏都有出血现象。1959年,美国有10个人"自愿"做噪音实验。当实验用飞机从10名实验者头上10~12米的高度飞过后,有6人当场死亡,4人数小时后死亡。验尸证明10人都死于噪音引起的脑出血。可见这个"声学武器"的威力之大。

事件影响

全球应对噪音污染策略

20世纪60年代后期,美国联邦政府开始着力控制与减少噪音污染。1972年,美国国会通过了《联邦噪音控制法》,以指导美国环境保护机构设立国家噪音标准。1975年,美国国家地方法律办公室与EAP(Employee Assistance Program,即员工帮助计划)联合提供了《社区噪音控制法规样本》,供各州、地方或社区制定法规时参考。

欧盟是目前世界上首个对噪音污染采取重要行动的主要经济体,欧盟将立法对24小时噪音污染限制。英国最早绘制噪音地图,便于公民监督和了解噪音污染。瑞典规定深夜不准用吸尘器。德国通过限速和建设各种隔音墙减少交通噪音。奥地利马路用多孔沥青铺设,可吸收大部分摩擦噪音。瑞士正在研发铁路减噪计算机程序。

 世界噪音公害事件

视角 2　建筑施工环境噪音污染

案例

某小区进行建筑施工,居民们不堪忍受周围建筑噪音,愤而向环保部门投诉。接到投诉后,环保部门进行了实地勘察和监测。经查明,该工程是由某建筑公司承建的。该建筑公司在开工前,未向该市环境保护行政主管部门进行申报,环保部门到工地检查时,发现工地正在夜间施工,且该建筑公司并没有办理相关的夜间开工手续。经环保部门监测,该工地白天噪音为77分贝,夜间噪音为64分贝,超过国家规定的建筑施工噪音源的噪音排放标准,构成环境噪音污染。于是环保部门对该建筑公司的行为作出处罚。

案例分析

本案是一起典型的关于建筑施工环境噪音污染案。为防治建筑施工环境噪音污染，我国《环境噪声污染防治法》规定了两种法律措施：（1）事先申报制度。（2）禁止夜间施工制度。如在夜间作业，必须公告附近的居民。

本案被告某建筑公司在开工前未依法向该市环保部门进行申报，在夜间施工时，也未向附近的居民进行公告，违反了上述规定，环保部门对其作出处罚是符合法律规定的。

法律讲堂

中华人民共和国环境噪声污染防治法

第二十八条　在城市市区范围内向周围生活环境排放建筑施工噪声的，应当符合国家规定的建筑施工场界环境噪声排放标准。

第二十九条　在城市市区范围内，建筑施工过程中使用机械设备，可能产生环境噪声污染的，施工单位必须在工程开工十五日以前向工程所在地县级以上地方人民政府环境保护行政主管部门申报该工程的项目名称、施工场所和期限、可能产生的环境噪声值以及所采取的环境噪声污染防治措施的情况。

视角 3　社会生活噪音污染

案例

某商业酒店装修完并通过环保审批后营业，没过多久，在它楼下开了一个酒吧，营业时间是每天晚上10点至次日凌晨3点，因酒吧的音量远远超过国家规定的社会生活环境噪音的标准，严重影响酒店住宿的客人休息，并导致大量的投诉、免费退房等，造成酒店经营损失148291.9元。酒店请环保部门进行调查。环境保护监测中心站出具监测报告表明酒吧噪音超过了室内噪音的夜间排放限值，环保部门要求酒吧对酒店进行赔偿，同时对酒吧作出处罚。

第四章 环境污染案例

案例分析

近几年,社会生活噪音污染仍是群众反映最强烈的环境问题之一。《环境保护法》《环境噪声污染防治法》等有关法律规定,在城镇人口集中区建设有可能产生环境噪音污染的营业性饮食、服务单位和娱乐场所,必须采取有效的防治环境噪音污染的措施,使其边界噪音达到国家规定的环境噪音排放标准;娱乐场所不得在可能干扰学校、医院、机关正常学习、工作秩序的地点设立。对不符合要求的,当地环保部门不得同意其建设,工商行政管理部门不得核发其营业执照。

本案例中,酒吧夜间营业产生的噪音超过了《社会生活环境噪声排放标准》规定的夜间最高限值35分贝,严重影响了顾客休息和酒店的正常营业,环保部门依法对酒吧进行了处罚。

法律讲堂

中华人民共和国环境噪声污染防治法

第六十一条 受到环境噪声污染危害的单位和个人,有权要求加害人排除危害;造成损失的,依法赔偿损失。

赔偿责任和赔偿金额的纠纷,可以根据当事人的请求,由环境保护行政主管部门或者其他环境噪声污染防治工作的监督管理部门、机构调解处理;调解不成的,当事人可以向人民法院起诉。当事人也可以直接向人民法院起诉。

公众环保知识系列读本
政策法规篇

五、放射性污染防治

视角 1 切尔诺贝利核事故

案 例

1986年4月26日，位于乌克兰北部靠近白俄罗斯边境的苏联切尔诺贝利核电站4号机组突然发生爆炸，连续的爆炸引发了大火并散发出大量高能辐射物质到大气层中，造成30人当场死亡，逾8吨强辐射物泄漏，核电站周围6万多平方公里土地受到直接污染，320多万人受到核辐射侵害。

切尔诺贝利核事故所释放出的辐射线剂量是二战时期爆炸于广岛的原子弹的400倍以上，成为迄今人类和平利用核能史上最严重的事故。这场灾难造成约两千亿美元经济损失，是近代历史中代价最昂贵的灾难事件，切尔诺贝利城因此被废弃。

事件影响

切尔诺贝利核事故带来了严重的人道主义、环境、社会和经济后果，至今仍影响着有关地区乃至全球。切尔诺贝利核事故与核安全密切相关，由此提高了人们的核安全意识，推动全球核电站安全管理的重大改进。

始于2010年的核安全峰会，启动了国际核安全事业的助推器。2014年在荷兰海牙举行的第三届核安全峰会上，我国提出应坚持理性、协调、并进的核安全观，将核安全进程纳入持续健康发展轨道。

展望未来，加强国际核安全体系，是核能事业健康发展的基本前提，更是推进全球安全治理、构建新型国际关系、完善世界秩序的重要环节。

扫一扫，更精彩　　切尔诺贝利之殇

视角 2 放射性物质污染事故

案 例

长春某学院家属齐某请他人为其在该院内水工楼西南侧挖冬贮菜窖。在挖到地面以下1米深处发现一口大缸，打破后拖出一"铜桶"（实际是铅罐），后经查明，这是长春某学院埋于院内水工楼西南侧地下的放射性物质，掩埋后地面未设置放射性标记，又无控制措施，从发现放射源到将其安全入库，放射源暴露了24小时，整个过程中共有13人受到放射性照射，对环境造成局部污染。

该学院擅自将放射性物质埋入地下的做法严重违反了我国处置放射性物质的有关规定，吉林省环境保护局与吉林省公安厅对这起事故进行了通报与处罚。

第四章 环境污染案例

案例分析

这是一起放射性物质管理不当的事故，对人和环境都造成了危害。核技术的应用给人类的生产、生活带来很大利益，但同时也产生了一些隐患。为了及时、有效、安全地处理放射性污染事故，控制和减少放射性事故危害，提高应对放射性污染事件的能力，保障环境安全，保护公众人身安全，我国先后颁布并实施了《放射性污染防治法》《民用核安全设备监督管理条例》《放射性物品运输安全管理条例》等法律法规，制定了一系列部门规章、导则和标准文件，形成了以营运单位、集团公司、行业主管部门和核安全监管部门为主的核安全管理体系，以及由国家、省、营运单位构成的核电厂核事故应急三级管理体系，环保部门也将以此为契机，对核安全工作进行部署。

法律讲堂

中华人民共和国放射性污染防治法

第四十五条 产生放射性固体废物的单位，应当按照国务院环境保护行政主管部门的规定，对其产生的放射性固体废物进行处理后，送交放射性固体废物处置单位处置，并承担处置费用。

放射性固体废物处置费用收取和使用管理办法，由国务院财政部门、价格主管部门会同国务院环境保护行政主管部门规定。

视角 3 石油测井放射源落井事故

案 例

某测井队在执行测井施工任务过程中，由于夜间作业，现场没有足够照明条件，使用汽车前大灯照明，操作人员使用长竿夹具拆卸放射源时未能锁定放射源，造成中子放射源（裸源）落井，但事故单位没有按照相关规定向监管部门汇报。市环保局在接到市安监局放射源落井事故通报后，立即向省环保局电话报告，各方协助确定处理方案。

在连续8次打捞失败后，省辐射环境监督管理站技术人员对打捞过程辐射环境进行了监测，确定打捞过程未对放射源造成破坏，井场及周边环境没有放射性污染。随后，油田测井公司对事故油井采取了封井措施，富县人民政府在事故发生地设置了永久警示标志。当地环保局根据事故单位的违法事实，依法向事故单位下达了责令限期办理相关环境保护手续，罚款5万元的行政处罚决定。

案例分析

此次放射源失控事故的根本原因一是事故责任单位的安全生产意识薄弱，测井准备工作不充分，加上工作人员违反测井操作规程作业；二是事故单位在发生事故后隐匿不报，错失了打捞放射源的最佳时间，也未采取有效打捞措施，最后导致放射源无法打捞，只能在论证后采取封井措施。

经验教训：

（1）放射源测井工作单位应当认真贯彻国家有关法律、法规，建立并严格按照放射性测井操作规程使用放射源。

（2）井的钻探和井面布置应符合相关技术规范。放射性测井工作应选择良好的工作环境和条件下进行，避免在夜间、雨天等时间作业。

（3）放射性测井工作前应做好相关准备工作，操作人员应熟练掌握操作技巧，避免操作失误引起放射源落井。

（4）要加强法律、法规和辐射安全与防护知识的宣传，正确引导媒体报道，增强守法意识和对放射源危害及防护知识的了解。

（5）各级环保部门应严格履行监管职责，加强信息交流，加强异地使用放射源的安全监管。

法律讲堂

中华人民共和国放射性污染防治法

第五十五条 违反本法规定，有下列行为之一的，由县级以上人民政府环境保护行政主管部门或者其他有关部门依据职权责令限期改正；逾期不改正的，责令停产停业，并处二万元以上十万元以下罚款；构成犯罪的，依法追究刑事责任：

（一）不按照规定设置放射性标识、标志、中文警示说明的；

（二）不按照规定建立健全安全保卫制度和制定事故应急计划或者应急措施的；

（三）不按照规定报告放射源丢失、被盗情况或者放射性污染事故的。

改善环境质量
推动绿色发展